いろいろなチーズ料理

レシピは「第８章　チーズの食べ方・使い方」に掲載

乳和食

カマンベールの海苔巻き

使用チーズ：カマンベール

乳和食

モッツァレッラの刺身風

使用チーズ：モッツァレッラ
（フレッシュ）

乳和食

酢味噌和え

使用チ

乳和食

リコッタポン酢がけ

コッタ

乳和

和風チーズフォンデュ

使用チーズ：ゴーダ

ーズ・
プロセスチーズのおつまみ

使用チーズ：クリームチーズ、
プロセスチーズ

おつまみ

まるごとチーズ煎餅

使用チーズ：スライスチーズ（プロセス）

おつまみ

チーズカクテル
＆ナッツ＆フルーツ

使用チーズ：コンテ、ミモレット

おつまみ

魚介のタルタル

使用チーズ：ミモレット（パウダー）

おつまみ

スタッフド　プルーン

使用チーズ：スティルトン

おつまみ

イタリアン生春巻き

使用チーズ:モッツァレッラ（フレッシュ）

おつまみ

クリームチーズDE
ディップいろいろ

使用チーズ：クリームチーズ

ドレッシング

ブルーチーズドレッシング
（サラダ）

使用チーズ：ダナブルー

サラダ

フェタ・ギリシャと
にんじんとくるみのサラダ

使用チーズ：フェタ・ギリシャ

ソース

ゴルゴンゾーラソース
（フェットゥッチーネ）

使用チーズ：ゴルゴンゾーラ・ドルチェ、
パルミジャーノ・レッジャーノ

サラダ

ブルーチーズのポテトサラダ

使用チーズ：エーデルピルツ

ソース

モルネィソース
（チキンときのこのグラタン）

使用チーズ：グリュイエール

ドレッシング

シーザーサラダ
ドレッシング（サラダ）

使用チーズ：パルミジャーノ・レッジャーノ

デザート

クリームチーズのパルフェ（抹茶）

使用チーズ：クリームチーズ

デザート

カッサータ

使用チーズ：リコッタ

デザート

ケークサレ

使用チーズ：グリュイエール

メイン

ロスティ

使用チーズ：グリュイエール

メイン

パンキッシュ

使用チーズ：グリュイエール

メイン

ミラノ風チキンカツ

使用チーズ：パルミジャーノ・レッジャーノ

食品知識ミニブックスシリーズ

〈改訂５版〉

チーズ入門

白石敏夫・福田みわ・三浦修司 共著

Nissyoku 日本食糧新聞社

まえがき

『チーズ入門』が発刊されたのは昭和56（1981）年9月のことで、この頃の日本国内には、チーズに関する技術書は発刊されていたが知識書はほとんどなく、洋書の翻訳本が数種あった程度であった。幸いにも、この頃の雪印乳業㈱内には、「技術研究会」という組織があって、技術・研究・海外出張報告・海外文献の翻訳をまとめた刊行誌を当会員に配布していた。また、技術者にとっては、必要と思われる文献の翻訳書を発行して会員に配布していた。ある日、当時、同社乳食品生産部のチーズ担当であった筆者のところへ、乳食品営業部のチーズ担当であった横沢由喜朗氏（元東京雪印物流社長）が小走りで近寄ってきて、「チーズの本を書こうよ！　実は、日本食糧新聞社からの依頼で、食品知識ミニブックスシリーズの一冊として計画しているので、是非執筆をお願いしたい」とのことで一緒に執筆することになり、当時の営業部長である向坂一弥氏（元常務取締役）に監修いただくことで即決した。この執筆依頼は、グッドタイミングであった。というのも、この頃の日本のチーズ消費量は年間10万トンに手が届こうとしていて、プロセスチーズ主体から、プロセスチーズとナチュラルチーズの二極分化へとチーズの消費形態が大きく変化しようとしていた時期であったからである。

市場や業界の動向としては、ピザ市場の成長発展、ナチュラルチーズ専門店（フェルミエ：1986年創業の国内第一号店、メゾン・デュ・フロマージュ・ヴァランセ）の登場、チーズアカデミー（チーズ&ワインアカデミー東京）の開設、あるいはチーズイベントの開催などが挙げられる。中でも11月11日のチーズの日には毎年チーズフェスタが開催され、その入場者数は年々増加してチーズに非常に関心が高まっていた。長い間、チーズの普及に携わってきた者たちとして、大変喜ばしいことである。

この度の改訂第5版の内容構成は基本的には変わらないが、統計数値および法令関係の内容の更新を重点として、人類の生活の営みの中に必然的かつ偶然的に誕生した、食の芸術品であるチーズのうんちくを書き綴った。

チーズは楽しい雰囲気の中で食べ、最高の食べ頃・食べ方で、美味しく食べてもらうことが最良である。

チーズは栄養バランスのとれた食品として、特に近年の飽食の時代でもなお不足しているカルシウムの最高の補給源として、また機能性食品としても注目されている。

昔から「チーズは神から授けられた最高の食の芸術品」といわれるのも頷ける。そして、古くから愛されているチーズの仕事に携わる皆様に役立てていただきたいと考えている。

令和6年12月

白石敏夫

三浦修司

福田みわ

目次

第1章　チーズの歴史……1
1　チーズの誕生……1
(1) チーズ誕生の背景……1
(2) チーズとの出会い……2
(3) 偶然の発見（アラビアの民話から）……2
(4) 旧約聖書の伝説……3
2　日本のチーズ史……4
(1) 牛乳の伝来と衰退……4
(2) チーズの普及と発展……5
3　チーズの語源と各国の呼称……6
第2章　チーズとは……8
1　乳の特性……8
(1) 「乳」の定義……9
(2) チーズができる原理……9
(3) 乳の主要成分……10
2　チーズの定義……13
(1) チーズの一般規格（コーデックス規格）……14
(2) 乳及び乳製品の成分規格等に関する省令（乳等省令）……15
(3) ナチュラルチーズ、プロセスチーズ及びチーズフードの表示に関する公正競争規約（チーズ類の公正競争規約）……15
3　チーズの名称……16
4　チーズづくりの概略……18
(1) 乳の調整（標準化）……18
(2) 乳の凝固……18
(3) 熟成について……22

第3章　チーズの分類と種類……25

1　チーズの分類法……25

2　製品の硬さによる分類……26

(1) 軟質チーズ（ソフト）……26
(2) 半硬質チーズ（セミハード）……26
(3) 硬質チーズ（ハード）……26
(4) 超硬質チーズ（エキストラハード）……27

3　微生物の種類による分類……27

4　風味特性による分類……27

(1) 非熟成タイプ（フレッシュタイプ）……29
(2) 白かびタイプ……30
(3) ウォッシュタイプ……31
(4) シェーヴルタイプ……32
(5) 青かびタイプ……33
(6) セミハードタイプ（半硬質タイプ）……34
(7) ハードタイプ（硬質タイプ）……35

5　主要チーズの特徴……37

(1) アッペンツェラー（Appenzeller）……37
(2) ヴァランセ（Valençay）☆……38
(3) エグモント（Egmont）……38
(4) エダム（Edam）……39
(5) エーデルピルツ（Edelpilz）……39
(6) エポワス（Epoisses）☆……40
(7) エメンターラー（Emmentaler）……41
(8) カチョカヴァッロ・シラーノ（Caciocavallo Silano）☆……41
(9) カッテージチーズ（Cottage Cheese）……42
(10) カプリス・デ・デュー（Caprice des Dieux）……42
(11) カマンベール・ドゥ・ノルマンディ（Camembert de Normandie）☆……43
(12) カンタル（Cantal）☆……44
(13) カンボゾーラ（Cambozola）……45

⒁ グラナ・パダーノ（Grana Padano）☆ … 45
⒂ クリームチーズ（Cream Cheese） ……… 46
⒃ グリュイエール（Gruyère） ……………… 46
⒄ クロタン・ドゥ・シャヴィニョル
（Crottin de Chavignol）☆ ………… 47
⒅ クワルク（Quark） ……………………… 47
⒆ ケソ・マンチェゴ（Queso Manchego）☆… 48
⒇ ゴーダ（Gouda） ………………………… 48
(21) ゴルゴンゾーラ（Gorgonzola）☆……… 49
(22) コルビー・ジャック（Colby Jack） …… 50
(23) コンテ（Comté）☆……………………… 50
(24) サムソー（Samsoe） …………………… 51
(25) サンタンドレ（Saint André） ………… 51
(26) サント・モール・ドゥ・トゥレーヌ …… 52
（Sainte-Maure de Touraine）☆…… 52
(27) シェヴレッテ（Chevrette） ………… 52
(28) シメイ（Chimay） ……………………… 53
(29) シュロップシャー・ブルー
（Shropshire Blue） ………………… 53
(30) スカモルツァ（Scamorza） …………… 54
(31) スティルトン（Stilton）……………… 54
(32) ステッペン（Steppen） ……………… 55
(33) スパイスゴーダ（Spice Gouda） …… 55
(34) スプリンツ（Sbrinz）………………… 56
(35) セル・シュール・シェール
（Selles-sur-Cher）☆……………… 56
(36) ダナブルー（Danablu） ……………… 57
(37) タレッジョ（Taleggio）☆…………… 57
(38) チェダー（Cheddar） ………………… 58
(39) テット・ドゥ・モアンヌ（Tête de Moine）… 59
(40) ノルヴェジア（Norvegia）…………… 59
(41) パルミジャーノ・レッジャーノ
（Parmigiano Reggiano）☆ ………… 60
(42) ハロウミ（Halloumi）………………… 61
(43) ピエ・ダングロワ（Pié d' Angloys）…… 61

(44) フェタ（Feta）☆……62
(45) フォンティーナ（Fontina）☆……62
(46) ブリアサヴァラン（Brillat Savarin）……63
(47) ブリー・ドゥ・モー（Brie de Meaux）☆……63
(48) ブルサン（Boursin）……64
(49) ブルソー（Boursault）……64
(50) ブルー・デ・コース（Bleu des Causses）☆……65
(51) ブルー・ドーヴェルニュ（Bleu d'Auvergne）☆……65
(52) フルム・ダンベール（Fourme d' Ambert）☆……66
(53) フロマージュ・ブラン（Fromage Blanc）……66
(54) ペコリーノ・ロマーノ（Pecorino Romano）☆……67
(55) ポーター（チェダー・ポーター）（Porter）……67
(56) ボフォール（Beaufort）☆……68
(57) ポン・レヴェック（Pont-l'Evêque）☆……68
(58) マスカルポーネ（Mascarpone）……69
(59) マリボー（Maribo）……69
(60) マンステール（Munster）☆……70
(61) ミモレット（Mimolette）……70
(62) モッツァレッラ・ディ・ブーファラ・カンパーナ（Mozzarella di Bufala Campana）☆……71
(63) モルビエ（Morbier）☆……72
(64) モン・ドール（Mont d' Or）☆……72
(65) モントレー・ジャック（Monterey Jack）……73
(66) ライオル（Laguiole）☆……73
(67) ラクレット・デュ・ヴァレー（Raclette du Valais）……74
(68) リヴァロ（Livarot）☆……75
(69) リダー（Ridder）……75
(70) ロックフォール（Roquefort）☆……76

第４章　チーズの製造方法……77

１　ナチュラルチーズのつくり方（酸凝固の場合）……77
(1) 乳の調整（標準化）……77
(2) 乳の凝固……77
(3) カード形成とホエー分離……80
(4) 製品化……82
２　ナチュラルチーズのつくり方（酵素凝固の場合）……83
(1) 乳の調整……83
(2) 乳の凝固……85
(3) カード形成とホエー分離、加塩……87
(4) 熟　成……93
３　プロセスチーズの歴史と定義……97
(1) プロセスチーズの誕生……97
(2) プロセスチーズの定義……99
(3) プロセスチーズの分類……100
４　プロセスチーズのつくり方……102
(1) 原料チーズの選択と貯蔵……102
(2) 原料チーズの処理・粉砕……104
(3) チーズの乳化……105
(4) 乳化チーズの充填・包装および冷却……106
(5) チーズの箱詰・貯蔵……109
(6) チーズの規格・検査……109

第５章　チーズに関する法規上の諸規制および輸入貿易関連諸制度……110

１　法規上の規格基準および表示規制……110
(1) 酪農製品と乳製品の違い……110
(2) 食品衛生法……110
(3) 食品表示基準……112
(4) その他の法規制……114

2　日本におけるチーズの法規上規制の変遷……114
(1) 関連法規の制定……114
(2) チーズの表示……114
(3) チーズの成分規格（プロセスチーズ）……116
(4) チーズの定義（1971年）……117
(5) 未殺菌乳からつくられるナチュラルチーズの法令上の取扱い……121
(6) チーズの賞味期限設定の方法……122
3　輸入貿易諸制度……123
(1) チーズの関税割当制度……123
(2) チーズ関税の均等削減措置……123

第6章　チーズの栄養と健康……126
1　チーズの栄養……126
2　チーズに期待される健康効果……129
(1) 骨粗しょう症予防……129
(2) 虫歯予防……129
(3) 血糖値管理……129
(4) 胃潰瘍原因菌「ピロリ菌」を抑制……130
(5) 肥満防止効果……130
(6) 免疫調節・免疫強化……130
(7) 美肌効果……130
(8) フレイル・サルコペニアの予防……130
(9) 認知機能との関連性……131

第7章　チーズの需要状況……132
1　世界のチーズ生産・消費量……132
2　日本のチーズ需給動向……133

第8章　チーズの食べ方・使い方……141
1　いろいろなチーズ料理……141
(1) 乳和食……141
(2) おつまみ……145

(3) サラダ……148
(4) ドレッシング……150
(5) ソース……152
(6) メイン……154
(7) デザート……156
2 チーズとアルコールの相性……160
(1) チーズとワインの相性……160
(2) チーズとビールの相性……162
(3) チーズと日本酒の相性……163
(4) チーズと焼酎の相性……166
3 チーズとフルーツ・野菜との相性……168
(1) フルーツとチーズ……168
(2) 野菜とチーズ……169
4 チーズとパンの相性……172
5 チーズ関連の道具……178
(1) チーズをカットするための道具……178
(2) チーズ関連の器具……179
6 チーズの切り分け方……180
7 チーズの保存上の注意……182
(1) チーズの保存……182
(2) タイプ別の保存の方法……182
(3) チーズの氷結点・凍結・解凍現象……186
第9章 チーズQ&A……189
チーズ業界の主な関係団体……196

第1章 チーズの歴史

1 チーズの誕生

チーズ誕生の伝説については著名な方々の著書でも述べられているが、ここでは、一般的な歴史について述べる。

(1) チーズ誕生の背景

チーズの誕生は西洋でなく東洋の一部、すなわち西アジア一帯で生まれたといわれている。西アジアの気候は、夏は乾燥し冬に雨が多く降り、作物があまりできず、穀物は麦が中心であった。

農耕が始まり、定着した農耕民は羊、山羊、牛などを家畜として飼養し始めたが、初期の農耕段階で増えたこれらの家畜によって飼料が不足となり、畑の作物を荒らすようになった。そこで、繁殖した家畜を養うために、エサを求めて農耕地帯から移住し放牧という生活様式が生まれた。彼らは、中央アジア、中近東アラビア半島からサハラ周辺、黒海とカスピ海の北方乾燥地帯、さらにモンゴル高原まで広がっていった。

動物から出る乳が、その仔を育てるのにすばらしい栄養価をもっていることは、放牧民にもよく知られていた。いつしか動物の乳を人間の子どもが飲み始めてから人間が横取りするようになり、利用が始まったといわれている。選ばれた動物は、群をなす習性で移動にも強い有蹄類《ゆうているい》のなかでも、反芻《はんすう》動物（たんぱく質が多い）で、この乳が牧畜社会を成立する基盤となった。

⑵ チーズとの出会い

命の水ともいえる乳は、放牧民にとっても非常に重要な飲みものだったが、一方で腐敗しやすいものと思われていた。しかし、偶然にもこれを保存していた容器の中で、乳が液体から白い固体（カード）に変わっていて、さらに、彼らは薄い緑色の透明な液体（ホエー）とに分離していたのを発見し、この白い固まりを食べたところ非常においしかったという。その後、これを布で漉してつくったのがチーズとしての最初の出会いだったといえる。搾乳時の乳にすでに乳酸菌が入っており、これによって乳が固められたのだった（酸凝固法）。

メソポタミアの神殿画やエジプトの壁画などにみられる乳製品（チーズやバター）をつくったと思われるものの発見から推定して、紀元前3500～紀元前4000年頃といわれている。

⑶ 偶然の発見（アラビアの民話から）

アラビアの民話のなかに「アラビアの商人が羊の胃袋を干してつくった水筒に、山羊の乳を入れ、ラクダの背にくくりつけ旅をして、いざ乳を飲もうと思って中をあけてみると、乳ではなく、薄い緑色をした透明な液体と白い固まりが出てきてびっくり、これを食べてみると、なんともいえないおいしさだった」とあり、これがチーズ発見の物語になっている。

このなかの白い固まりはチーズである。日中の砂漠の熱い太陽が水筒の乳に含まれている乳酸菌を増殖させ、酸味を強くし、羊の胃袋でつくられた水筒の中の消化酵素（凝乳酵素でもある）、キモシン（旧名レンニン）――現在は仔牛などの第四胃から抽出した酵素をキモシン（商品名レンネット）という――が山羊乳中に溶け出し、固まりやすくなった乳に作用して凝固したのだった。ラクダの背にゆられ凝固した乳が砕けて白い固まりになり（これがチーズ）、薄い緑色の透明な液体（これがホエー）とに分けられたのである。

このチーズができた原理は、現在でもチーズづくりの基本となっている（酵素凝固法）。ただ、昔は、こういう理屈がわからないまま、乳をおいしく保存する方法として経験的につくられたもので、その後、主としてヨーロッパ各地に広まっていった。

この民話は一般的に紀元前2000年といわれている（ただし一部では、アラビアの商人としては紀元前1300～1400年くらいと推定している――鴇田文三郎先生談）。

いずれにせよ、チーズの発見は紀元前4000年前後から紀元前2000年（または1400年頃）と推定されている。文献から発祥の地は西アジア一帯で、中心地は古代文化の中心地のメソポタミアといわれている。そこから、トルコ→ギリシャ経由でイタリア→フランス→スイスからヨーロッパ各地へ。また、パキスタン、インドへ、モンゴルや中国へとシルクロードに沿って伝幡発展していったと伝えられている。

(4) 旧約聖書の伝説

チーズの発祥がかなり昔であったことを示すのに、よく旧約聖書中の話が引用される。これは紀元前1050年頃と推定されている。

たとえば、サムエル記上第17章に、「時にエッサイは、その子ダビデにいった。『兄たちのため、このいり麦（エバ）とこの10個のパンをとって、急いで陣営にいる兄のところへ持っていきなさい。また、この10の乾酪（チーズ）を取って……』」。また、サムエル記下第17章29では、「蜜、凝乳、羊、乾酪（チーズ）をダビデ……」というように、紀元前1000年以上前から、チーズのことについての話が残っている（日本ではチーズのことを乾酪と訳していた）。

2　日本のチーズ史

(1)　牛乳の伝来と衰退

日本にチーズが伝わった話としては、いろいろ記録がある。私たちの食べているチーズのうち、プロセスチーズは、昭和に入ってから本格的につくられるようになったが、その昔、乳製品らしきものが外国から入ってきたのは、仏教の伝来（538年）とともに中国からといわれている。牛乳が日本に渡来したのは530年頃で、仏教とともに「乳利用文化」が日本へきたわけである。560年頃、呉の国の医師智聡《ちそう》が来日し、牛乳の知識、すなわち牛乳の搾乳術を伝授したといわれている。その後、孝徳天皇の時代、呉の国から帰化した善那が645年に天皇に酥《そ》を献上したといわれている。

日本では、飛鳥時代の終わり頃からつくられ始めたが、実際には、中国から朝鮮半島経由で入ってきた酥とは異なったともいわれている。中国からのものは「五味」といって乳から酪《らく》（ヨーグルト状）、酪から生酥（クリームチーズ状）、さらに、熟酥、熟酥から醍醐《だいご》（バターオイル状）のものではないかといわれているが、さだかではない。つくり方も難しく、日本のものは乳を10分の1に煮詰めてつくった蘇（加熱凝固法）といわれている。それは、茶褐色に褐変した乳糖の甘みをもったものと推定される（現在、奈良県の西井氏が文献から飛鳥の蘇として再現し販売している）。これらはほとんど朝廷で用いられ、物量も不足してきたので、700年10月（文武天皇4年）に全国45カ国の国史に貢蘇《こうそ》の勅令が出され、これが貢蘇の儀として平安時代まで500年以上も続いたといわれている（貢蘇の儀が発令された700年の10月は現在の暦では11月に当たり、業界では11月をチーズの月としている）。

平安の時代には牛乳や蘇の効用が説かれ、不老長寿、強精に特効がある貴重な食品として朝廷や貴族階級に独占されていた。そして、宮中での儀式や宴会には、欠かすことができない食べものとなっていた。

鎌倉時代に入って武家時代となり、家畜が牛から馬へと切り換えられて、牛乳や蘇は消滅し、牛乳利用衰退期となった（1240～1728年頃）。

(2) チーズの普及と発展

第9代将軍吉宗の時代（1716～51年）に入り、1728年、白牛を輸入して酪農を普及して白牛酪（練乳やチーズ様の乳製品）をつくり始めた。その後、第11代将軍家斉の時代（1804～36年）には、積極的に白牛酪を製造したといわれている。

日本での本格的なチーズの製造は、文明開化によって西洋文化がどっと入ってきた明治時代以降となり、記録としては次のとおりである。

・明治8（1875）年北海道開拓庁、七重勧業試験場で、チーズと練乳を試作
・明治33（1900）年、函館のトラピスチヌ修道院でチーズを製造
・昭和3（1928）年に雪印乳業の前身である北海道製酪販売組合連合会（酪連）がチーズの試作を開始
・昭和4（1929）年に、4930ポンドのブリックチーズを製造し、これにピメントを加えて、今でいうスプレッドタイプのものにして、びん入りで発売
・昭和7（1932）年、酪連が北海道の遠浅地区にチーズ専門工場を設立、本格的に生産を開始
・昭和9（1934）年、酪連よりプロセスチーズ450g（1ポンド）を発売。当時の発売パンフレットには、「紅茶に最適、滋養豊富」と書かれている。
・当時、わずか20〜30トン足らずの生産でしかなかったプロセスチーズも着実に伸長し、第二次大戦中の食糧不足の危機をのりこえて次第に種類も豊富になった。2020年のチーズ総消費量は初めて35万トンの大台（35万5469トン、農水省「チーズの需給表」）に達し、以降、私たちの食卓を賑わしている。

3　チーズの語源と各国の呼称

語源はラテン語の「CASEUS」であり、これから「KASI（ドイツ語）」、「KAAS（オランダ語）」、「CASIS（アイルランド語）」、「CAWS（ウェールズ語）」、「CYSE（紀元1100年までの英語）」といったことばが生まれた。
イギリスでは後に「COES」とか「CEASE」

となり、16〜17世紀頃には、「CHES」「CHIESE」「SCHESE」などとも呼ばれている。

また、古代ペルシャ語や古代ウルドル語の「チズ」(CHIZ)という西アジアの言葉に由来するともいわれている。これは、牛の胃袋や凝乳酵素の語源とも似ていて、酵素で乳を固めてつくるヨーロッパ型チーズに与えられた名称にもなる。

フランス語のフロマージュ(FROMAGE)は古代フランス語「FORMOS」、ラテン語「FORMIA」さらには、ギリシャ語の「FORMAS」に通じる。また、これらは、乳を固めて型に詰めることを意味しているともいわれている。

北欧諸国の名称、オスト(OST)は液体の凝固体(Jus)、カードを意味するといわれ、ともに酸凝固チーズに発しているといわれている。

現在の各国のチーズの呼称を以下に示す。

・イギリス、アメリカ、カナダ、オーストラリア、ニュージーランド……(cheese)チーズ
・ドイツ……(käse)ケーゼ
・オランダ……(kaas)カース
・デンマーク、スウェーデン、ノルウェー……(ost)オスト
・フランス……(fromage)フロマージュ
・イタリア……(formaggio または cacio)フォルマッジョまたはカチョ
・スペイン……(queso)ケソまたは(クェソ)
・ポルトガル……(queije)ケイジョ
・アイルランド……(cais)ケイス
・ロシア……(ser)スイル
・インド、イラン……(paneer)パニール
・中国……(牛㚷餅)ニューナピン、現在はこの言葉は使われず、干酪(カンルー)といわれている
・日本……(乾酪)かんらく(現在は「チーズ」)

第2章

チーズとは

1　乳の特性

チーズのつくり方について話す場合、原料となる「乳」について少し説明しなければならない。

広義的には、哺乳動物の親が子を健康に育てるために分泌する乳汁のことをいうが、通常、酪農の分野では、図表2―1に示すように、家畜類の乳汁(牛、羊、山羊、水牛など)をいう。

このなかでも牛の乳が大部分だが、これは、昔から牛の乳は飲用の面からもっとも身近なものであり、栄養成分が豊富にバランスよく含まれているからである。

図表２－１　各種哺乳動物乳の乳成分比較（乳 100 g 当たり）

乳の成分組成の違いは幼動物の発育速度に関係があるといわれており、成長の早い動物ほどたんぱく質と灰分含量が高い。人乳は牛の乳に比べてたんぱく質および灰分含量が著しく低い。品種間の差もかなり認められ、ホルスタイン乳はジャージー乳より脂質およびたんぱく質含量ともに低い。乳牛個体間でも遺伝的な要因、泌乳期、年齢などの生理的要因や季節、使用条件などの環境要因によりその成分組成は変動する。山羊乳は牛の乳とよく似た成分組成をしているが、品種による差が比較的大きい。羊乳は脂質およびたんぱく質ともに牛の乳よりかなり高い。

成分／種類	エネルギー (kcal)	脂　質 (g)	たんぱく質 (g)	炭水化物 (g)	灰　分 (g)
ヒト	61	3.50	1.10	7.20	0.20
ウシ（ホルスタイン）	56	3.70	3.20	4.70	0.70
（ジャージー）	80	5.10	3.60	4.70	0.70
スイギュウ	100	7.45	3.78	4.90	0.80
ヤギ	71	4.50	3.30	4.40	0.80
ヒツジ	105	7.50	5.60	4.40	1.00

資料：Kon（1972）、星・内藤（1968）、Renner（1984）（ウシおよび人乳の数値は「日本食品標準成分表 2023」（八訂増補）より）

(1)「乳」の定義

ここで、法規上の「乳」の定義を確認しておく。

① 国内法規

国内の法規としては、「乳及び乳製品の成分規格等に関する命令」がある。

「乳」とは、生乳、牛乳、特別牛乳、生山羊乳、殺菌山羊乳、生めん羊乳、生水牛乳、成分調整牛乳、低脂肪牛乳、無脂肪牛乳および加工乳をいう。

② 国際法規

国際法規には、コーデックス規格がある。「乳」とは、一回またはそれ以上の搾乳により得られる正常な乳房の分泌物で、それに他物の添加または成分の抽出のいずれもせずに、飲用乳として消費または、さらなる加工処理を目的にしているものをいう。

③ 生乳の定義

「乳」に対する法規上の定義は国内の場合と国外の場合で大きな差異があり、国際法規では広義的に乳全般を意味するが、国内法規はごく限られた一部のみをとらえているにすぎない。

チーズを論ずる場合、法規の内容にあまり深入りすると話が複雑になるので、「生乳」の定義の紹介にのみとどめ、先に進むことにする。

生乳（この項において、以後「乳」＝牛の乳）は糖および無機質の水溶液に脂肪が乳濁状となり、たんぱく質は懸濁《けんだく》状に分散して膠質《こうしつ》溶液を形成しているものである。

(2) チーズができる原理

搾ったばかりの生乳を一定時間放置しておくと、比重の軽い脂肪が上層部に浮いてくるが、これがいわゆる「クリーム」で、その下層部にあるものが「脱脂乳」である。この自然的現象は、遠心力を利用して機械的につくることもできる。

また、生乳のなかには乳酸菌が生きていて、生乳をさらに放置し続けると、乳酸菌の働きによって、下層部の脱脂乳中の乳糖を分解して産生した乳酸により水素イオン濃度が高まる。pHが4・6から4・7になると、カゼイン粒子の凝集現象が起こる。この凝乳を砕いてろ過することにより、カゼインの凝固物（カード）と乳糖や乳清たんぱく質を主成分とする黄緑色半透明状の液体（ホエーまたは乳清）とに分かれる。

この自然的に起こる酸によるカゼインの凝集現象が、チーズづくりの基本をなすものである。

一方、チーズ発見の昔話に出てくるものは、そのときの容器が仔羊の胃袋から作られ、それに残っていたある種の物質（これがいわゆる「凝乳酵素」）の働きにより、カゼインの凝集現象が起こり、カードとホエーに分かれた結果で、酸によるカゼインの凝集とはまったく異なる。こちらは、酵素の働きによりカゼインが凝集したものである。

(3) 乳の主要成分

それぞれの動物から分泌される乳は、前述のように成分の違いがあり、また、同じ動物からの乳でもいろいろな要因によって微妙な違いがある。たとえば、品種間、ホルスタインとジャージーとでは脂肪および無脂固形分ともジャージーの方が高く、同じホルスタインでも季節・地域・飼育条件によって成分的・微生物的および官能的品質の差異がある。このような乳の特性を頭に入れた上で、この後乳からどのような乳製品ができ、そしてチーズはどのようにしてつくられるのか説明する。

参考までに、乳の主要成分がそれぞれどのよう

- 生乳
  - 水分
  - 全固形分
    - 脂　質
      - 脂肪（トリグリセリド）
      - リン脂質－［ホスファチジルエタノールアミン
        ホスファチジルコリン
        スフィンゴミエリン
        ホスファチジルセリン
        ホスファチジルイノシトール
        リゾホスファチジルエタノールアミン
        リゾホスファチジルコリン］
      - 糖脂質－［ガングリオシド*1、セラミド類］
      - ステロール
      - 脂溶性ビタミン－［A，D，E，Kなど］
      - カロチノイド－［カロテン］
    - 無　脂固形分
      - 糖質－［乳糖、ぶどう糖、オリゴ糖］［シアル酸］*1
      - 窒　素化合物
        - たんぱく質
          - カゼインα、β、κ、γ
            ［グリコマクロペプチド］*2
            ［カゼインホスホペプチド］*2
            ［β－カゾモルフィン］*2
          - ホエーたんぱく質
            ［β－ラクトグロブリン］
            ［α－ラクトアルブミン］
          - ［血清アルブミン］
            ［免疫グロブリン］
            ［ラクトフェリン］*1
            ［ラクトパーオキシダーゼ］*1
            ［乳塩基性たんぱく質］(MBP) *1
          - 酵素類
          - 脂肪球皮膜たんぱく質
        - 非たんぱく態窒素化合物
          - アミノ酸
          - アンモニア
          - 尿素
          - 核酸
      - 無機質－［無機元素類］
      - 有機酸－［クエン酸、乳酸など］
      - 水溶性ビタミン－［B群、Cなど］
      - ガス体－［CO_2，N_2，O_2など］
      - 細胞質－［白血球など］

＊１は乳中に含まれる超微量の生理活性物質である。
＊２はチーズの熟成中にたんぱく質がアミノ酸に分解する過程で生成される生理活性物質である。

食品の３つの機能
・一次機能－栄養特性
・二次機能－嗜好特性
・三次機能－生理特性

図表２－２　生乳の成分表

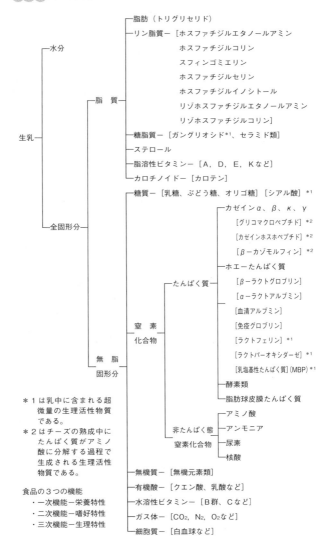

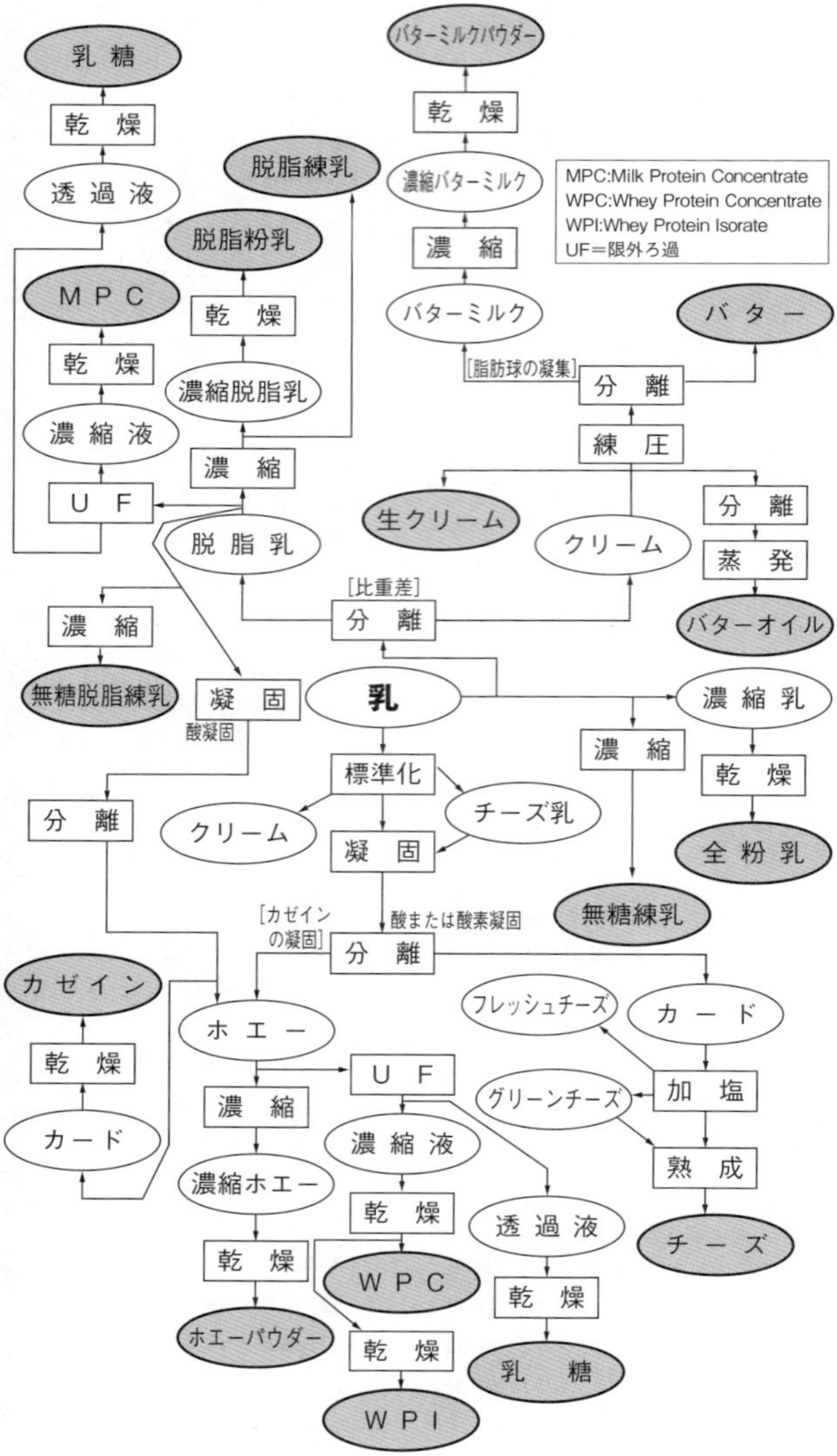

図表2－3　生乳からできるいろいろな乳製品

図表２－４　チーズと主な乳製品の成分比較

（可食部100 g当たり）

乳製品＼成分	水　分（g）	脂　質（g）	たんぱく質（g）	炭水化物（g）	灰　分（g）
チーズ	40.0	30.0	25.0	1.5	3.5
バター	16.2	81.0	0.6	0.2	1.9
脱脂粉乳	3.8	1.0	34.0	53.3	7.9
ヨーグルト（全脂無糖）	87.7	3.0	3.6	4.9	0.8

資料：チーズは粗平均値、チーズ以外は日本食品標準成分表2023年版（八訂増補）

な組成成分から構成されているのか、牛乳を例に図表２－２に示す。乳中の脂肪、たんぱく質、乳糖および灰分の四大主要成分のほか、微量成分としてカルシウムやナトリウムなどのミネラルおよびビタミン類などが含まれる。ついでに書き添えておくと、薬効性（生理活性）のある超微量成分としてラクトフェリン（たんぱく質の一種）、シアル酸（糖質の一種）、あるいはガングリオシド（脂肪の仲間）などが含まれている。

たんぱく質（窒素化合物）はカゼインと乳清たんぱく質（ホエーたんぱく質）が主体で、カゼインがこれから述べるチーズの骨格を形づくる役目を果たすものとなる。

図表２－３に乳からできる乳製品を、図表２－４に主な乳製品の主要成分についてまとめた。

２　チーズの定義

世界各国のチーズの定義については、国によってはかなり詳細に規定されていることもあるが、わが国のチーズの定義は、ＦＡＯ（国際連合食糧農業機関）／ＷＨＯ（世界保健機関）乳製品国際規格の「チーズの一般規格」〈コーデックス規格〉の内容を基本に作成され、食品衛生法に基づく「乳及び乳製品の成分規格等に関する命令」〈通称：

乳等命令〉のなかに規定されている。

(1) チーズの一般規格（コーデックス規格）

〔第2項　定義〕

2-1　チーズとは、熟成または非熟成の軟質(soft) あるいは半硬質 (semi-hard)、硬質 (hard) および超硬質 (extra-hard) の製品で、コーティングされている場合があり、ホエーたんぱく質とカゼインの比率が乳のそれを超えない、左記の方法により得られる生産物をいう。

a) 乳、脱脂乳、部分脱脂乳、クリーム、ホエークリームまたはバターミルク、あるいはこれらの混合物のたんぱく質をレンネットまたは他の適切な凝固剤の作用により全体または部分的に凝固させ、凝固後にホエー（乳清）の一部を除去して得られる生産物。および／または乳および／または乳から得られた生産物のたんぱく質の凝固を引き起こす加工技術により、a)に規定されている生産物と同じ化学的、物理的および官能的特性を有する最終生産物。

2-1-1　熟成チーズとは、製造後短期間内に消費されるものではなく、熟成チーズとして必要な生化学的、物理的特性を有するように、しかるべき期間、温度、その他しかるべき条件下で保存させたチーズをいう。

2-1-2　かび熟成チーズとは、生産物の内部および／または表面に主として特徴的なかびを増殖させることにより熟成を完了させた熟成チーズをいう。

2-1-3　非熟成チーズ(フレッシュチーズを含む)とは、製造後短期間内に消費されるチーズをいう。

(2) 乳及び乳製品の成分規格等に関する命令（乳等命令）

〔第二条〕

16 この命令において「チーズ」とは、ナチュラルチーズとプロセスチーズをいう。

17 この命令において「ナチュラルチーズ」とは、次のものをいう。

一 乳、バターミルク（バターを製造する際に生じた脂肪粒以外の部分をいう。以下同じ。）、クリーム又はこれらを混合したもののほとんどすべて又は一部のたんぱく質を酵素その他の凝固剤により凝固させた凝乳から乳清の一部を除去したもの又はこれらを熟成したもの。

二 前号に掲げるもののほか、乳等を原料として、たんぱく質の凝固作用を含む製造技術を用いて製造したものであって、同号に掲げるものと同様の化学的、物理的及び官能的特性を有するもの。

18 この命令において「プロセスチーズ」とは、ナチュラルチーズを粉砕し、加熱溶融し、乳化したものをいう。

(3) ナチュラルチーズ、プロセスチーズ及びチーズフードの表示に関する公正競争規約（チーズ類の公正競争規約）

規約内容については、第10章に記載のチーズ公正取引協議会ホームページを参照のこと。また、より細かな規制を折り込んだナチュラルチーズ、プロセスチーズの定義については、図表5−1を参考にされたい。

3　チーズの名称

チーズは前項で定義したように、法規上はナチュラルチーズとプロセスチーズに分類される。この項ではナチュラルチーズについて述べる。

チーズは乳中のカゼインの特質を基本とした乳成分の有効的な利用方法として、欧米の各農場で始まり、人類による偉大な創造物として、この世に誕生した。

チーズは乳中の主要成分であるたんぱく質と脂肪を、酵素や乳酸菌の働きによるカゼインの凝集作用により脂肪の大部分を抱き込んで移行させたもので、これらの成分は発酵過程において酵素分解し、風味成分として重要なアミノ酸や脂肪酸となる。また、低分子化することから、発酵学の面からも逸品といえる。

チーズづくりは乳種、乳質、チーズカードのつくり方、チーズの形や大きさ、さらに、熟成条件など多くの要因によって、それぞれ特異的な味が出来あがることから、チーズは神秘的なもので、また、非常にロマンがあるといわれている。

昔からヨーロッパには「一村一チーズ」という言葉があるが、日本の食習慣と比較してみると、酸の働きを主体にしてつくる非熟成タイプのチーズ（カッテージチーズ、クリームチーズ）は「豆腐」にあたり、酵素の働きによりつくる熟成タイプのチーズ（ゴーダ、カマンベール）は「味噌」にあたるといえる。

植物たんぱく質・油脂の利用
- 大豆 → 豆腐
- 大豆 → 味噌

動物たんぱく質・脂肪の利用
- 乳 → 非熟成チーズ
- 乳 → 熟成チーズ

すなわち、大豆たんぱく質を主原料とする豆腐や味噌は、それをつくる家や地方によって味や組成にそれぞれの特徴があるように、チーズもまったく同じことであるということである。

「一村一チーズ」ということばの具体的な例をあげる。白かびを使う代表的なチーズにカマンベール（Camembert）とブリー（Brie）があるが、外観的にはほとんど似ている。しかし、これらは原産地が違い、味や形がそれなりに異なることから、別々の名前がつけられたのである。

また、イタリア原産のパルメザン（Parmesan）は、イタリア北部の特定地域でつくるものをパルミジャーノ・レッジャーノ（Parmigiano Reggiano）といい、北部のそれ以外の広域にわたってつくられるものをグラナ・パダーノ（Grana Padano）という。

フランス原産の青かびを使うチーズで、同じつくり方でありながら、生めん羊乳を原料とするものをロックフォール（Roquefort）、生乳からのものをブルー（Bleu）という。

フレッシュタイプのチーズについては、無脂肪生乳を原料としてカードをつくるものに、カッテージチーズ（Cottage Cheese）、プティ・スイス（Petit-Suisse）、クワルク（Quark）などがある。

このようなことから考えれば、チーズの種類（とくに味や組織の面から）は数えきれないほどあるといえる。

4 チーズづくりの概略

(1) 乳の調整（標準化）

チーズをつくるにあたって、基本的には生乳を検査し（風味、成分など）、チーズの風味特性に深く関わる乳成分（一般的には脂肪率）を調整する。たとえば、ゴーダは2・8〜3・0％、クリームチーズは10〜12％となる。

チーズ乳は、低温殺菌でなければならない（75℃、15秒保持）。なぜならば、乳の加熱が過剰になると、乳清たんぱく質が変性し、カゼインの酵素凝固性を妨げることになるからである。冷却は、一般的に酸凝固の場合は22〜27℃、酵素凝固の場合は30〜35℃となる。

(2) 乳の凝固

① 酸凝固

乳本来の、または添加した乳酸菌の働きで産生した乳酸により、カゼインを凝固させて凝乳をつくりカードとホエーに分ける。

チーズの種類は非熟成タイプ（フレッシュタイプ）で、カッテージチーズ（Cottage Cheese）、プティ・スイス（Petit-Suisse）、クワルク（Quark）、クリームチーズ（Cream Cheese）などがある。

酸凝固の理論を述べる。乳の水素イオン濃度（pH値）は、正常乳で6・5〜6・7の範囲である。これに、ある一定条件が加わりpH値が低くなる（水素イオン濃度が増す）と、カゼインの凝集現象が起こる（図表2—5）。この条件とは、乳中の乳

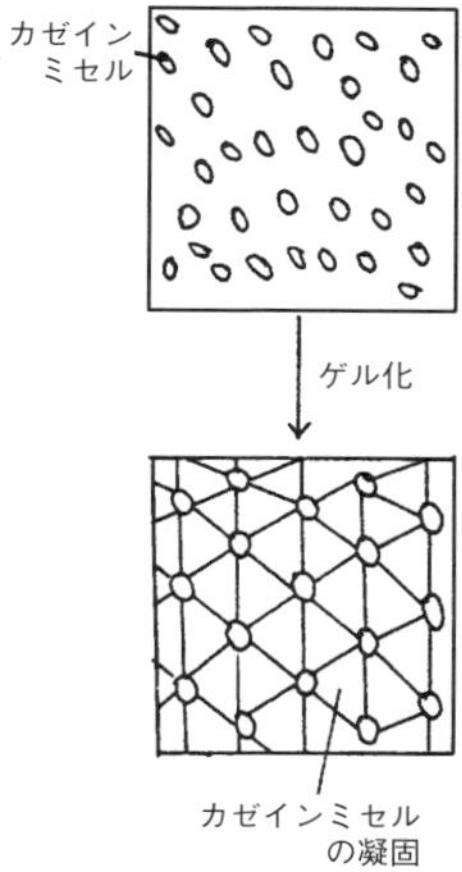

図表2－5
酸凝固の理論

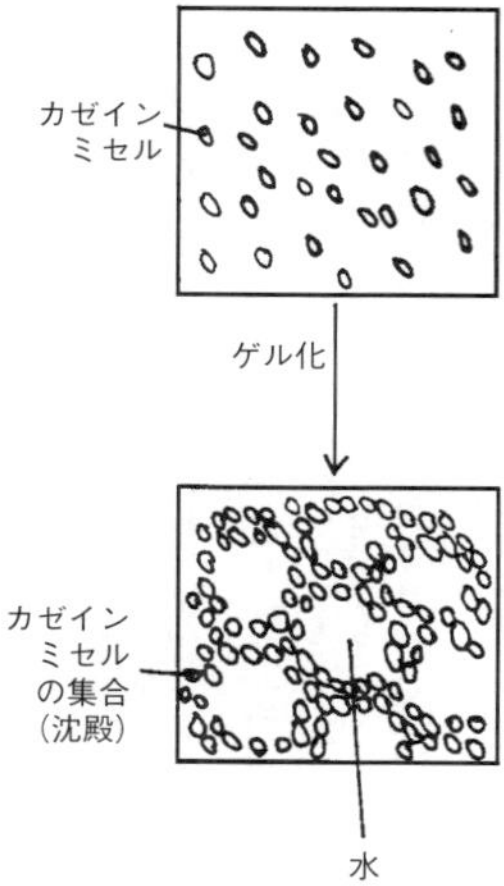

図表2－6
酵素凝固の理論

酸菌での酵素の働きにより乳糖を分解して乳酸を産生し、水素イオン濃度が高まることで、20℃でpH値が4・6～4・7になると、カルシウム・パラカゼイネートからカルシウムイオンが外れてカゼインの凝集現象が起こる。

　この現象は、pH値をこの範囲から酸またはアルカリを添加し、変換させることにより、もとの液状乳に戻る性質をもっている（これを「可逆反応」という）。

②酵素凝固

　凝乳酵素（たとえば「キモシン」）の働きにより酸凝固の場合とはまったく異なった機構で凝乳をつくり、カードとホエーに分ける。

　チーズの種類は熟成タイプで、ゴーダ(Gouda)、チェダー(Cheddar)、パルメザン(Parmesan)、ブルー(Bleu)、カマンベール(Camembert)など多数ある。

酵素凝固の理論を述べる。カゼインは乳中でカルシウム、無機リン酸塩、マグネシウムおよびクエン酸などを含んだ、いわゆるリン酸カルシウムカゼイネートの複合体をなして、コロイド状に分散している。このような性状のカゼインは凝乳酵素を添加した場合、いくつかの条件がともなって、乳はゾルからゲルに変換される（図表2―6）。

このゲル化現象の機構は完全に解明されてはいないが、一般的には、経時的にカゼインの変化が起こる。

第一段階として、凝乳酵素（キモシン）がカゼインミセルに吸着して、パラカゼインとなる。

第二段階で、このパラカゼインが可溶性のカルシウムイオンによる介在でパラカゼインカルシウムの形に変化する。この反応が起こるには、乳の水素イオン濃度がpH4・8～4・9であることが最適条件である。温度は速度に関係するが、低温でも（15℃以下）これまでの反応は進行する。

第三段階で、パラカゼインカルシウムは温度条件（15℃以上）が備わって、その凝集沈殿現象が起こり、乳はゾルからゲルに変換する（もとに戻らない「不可逆反応」という）。

③ カードづくり

・加温……カード中のホエーをより多く排出する手段として直接的または間接的に加温する。

（例）ゴーダ、チェダー、パルメザン

・非加温……凝固した乳（凝乳）を適当な大きさに切断した後、ある程度の水分をカード中に保有させることから、加温しないで一定時間撹拌することにより、適当な固さのカードができあがる。

（例）カマンベール、ブルー

④ ホエー分離

・圧搾および成形……所定の固さに仕上がったカードを寄せ集めて、外圧または自重でカードを接着させるとともに、ホエーを分離する。このカード全体の塊をカードマスといい、これを所定の大きさに切って型に詰め、さらに外圧をかけて成形するとともに、カード間の残りのホエーを排出する。

(例) ゴーダ、パルメザン、カマンベール、ブルー

・チェダリング……カードが所定の固さに仕上がって大部分のホエーを排除した後、自重で、かつ反転させながら時間をかけてカードを接着させてpHを下げ、内部の空気を抜きながら残りのホエーを分離する。

(例) チェダー、プロヴォローネ

⑤ 加 塩

・塩水加塩……ホエーを分離し、成形したグリーンチーズを、飽和に近い食塩水に漬けて塩分を吸収させる。

(例) ゴーダ、エダム、カマンベール、ブルー(ブルーはグリーンチーズの表面に乾塩を幾度か繰り返しながらかけ、カマンベールは成形後乾塩を振りかけることもある)

・乾塩加塩……チェダーのように、ホエー分離および組織形成の上でチェダリングし、接着したカードブロックを、1cm角で長さ5cmくらいの大きさにミリングしたもの、あるいは大半のホエーを分離したカード粒に乾塩を振りかけて塩分を含ませ、型に詰めて外圧をかけて成形し、グリーンチーズをつくる。

(例) チェダー

⑥ 熟 成

・リンデットタイプ……いわゆる従来のチーズで、

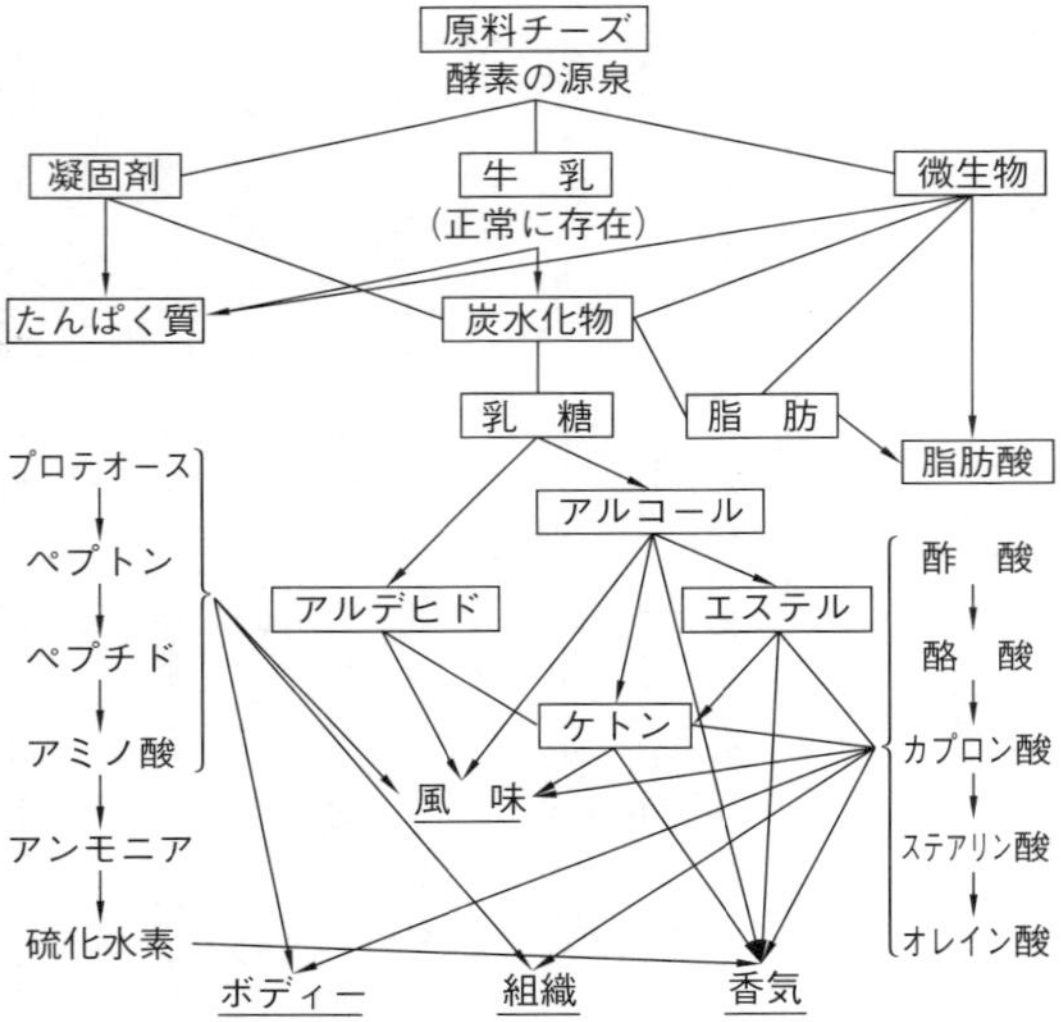

図表2－7　熟成によるチーズ主要成分の風味・香気・組織物質への変化の様子

初期の段階で硬い表皮（リンド）を形成し、内部を保護しながら熟成させる。

・リンドレスタイプ……歴史はまだ浅く、フィルム技術の発展と並行して開発されたもので、成形後のグリーンチーズを、バリア性の高いフィルムで真空包装し10℃以下の冷蔵庫内で熟成させる。

(3) 熟成について

「熟成」はチーズの真髄ともいえる（図表2－7）。

チーズの定義で、「『ナチュラルチーズ』とは、……凝乳から乳清の一部を除去したものまたはこれらを熟成したもの」となっているが、この凝乳から乳清の一部を除去したものというのは、いわゆる熟成しないもので、ナチュラルチーズ（以後チーズ）は定義上から「熟成しないもの」と「熟成したもの」とに大別される。

チーズの分類については後述するが、チーズの風味特性から7つのタイプに分類した場合、その一部が「フレッシュタイプ」および「シェーヴルタイプ」の「熟成しないもの」にあてはまり、その他はすべて「熟成したもの」に属し、1000種以上あるチーズの大半が後者にあてはまる。

チーズの熟成、いわゆる食品の発酵現象であり、チーズのなかに宿る細菌やかび、ときには酵母（これらを総称して「微生物」という）、これらの生き物がチーズという恵まれた環境のなかで、その栄養分を食べて世代交代を続けていくわけだが、この生き物たちが主食とするたんぱく質と脂肪、少しばかりの乳糖（炭水化物）を添えて、これらの栄養分はそれらが産生する酵素によって分解されて、チーズ特有の風味や香気、あるいは組織のもとになる物質に変化する。

「発酵」ということについてもう少し付け加えると、食品中に含まれている栄養成分が微生物の働きによって分解・変化してできる物質は、人間にとって旨いもの（芳醇なもの）を「発酵」、まずいもの（不快なもの）を「腐敗」と区分される。しかし、何をもって旨いか、まずいかは、その民族の食文化によって異なってくるということを付け加えておく。

ここで発酵による効用を簡単にまとめる。

・食べやすく、おいしくすること
・まったく新しい味、組織あるいは成分などをつくり出すこと
・複雑な旨み、香気をもつさまざまな調味料をつく

り出すこと
・発酵技術はいまだに発展途上にあり、先端技術によるいろいろな化学物質、医薬品等が効率よく生産できること

乳中の主成分である、水分、たんぱく質（カゼイン、乳清たんぱく質）、脂肪、乳糖および灰分は、チーズづくりにおいて、それぞれ次のような役割をする。
・水分……チーズの味や硬さのバランスを左右する。
・たんぱく質……カゼインがチーズをつくるときの乳固形分の固まりの中枢網を形成し、酵素分解により熟成チーズの旨みの基礎をつくりだす。
・脂肪……風味、香り、食感あるいは硬さに関係する。
・乳糖……チーズをつくるときに必要な酸は、乳酸菌が産生する酵素が乳糖を分解してつくられる。
・灰分……カゼインが固まりをつくるとき、大別して酸の働きによる場合と酵素の働きによる場合があり、後者の場合にカルシウムイオンはカゼインが酵素分解したときのつなぎの役目をする。

このように、チーズづくりはカゼインの固まりのつくり方で大別され、次に乳酸菌の種類（中温性菌、高温性菌）あるいは微生物の種類（細菌、かび、酵母）で分類される。カードのつくり方、チーズの形や大きさ、食塩添加法（塩水法、乾塩法）、そして発酵の温湿度条件により、数多くの種類につながるのである。

第３章　チーズの分類と種類

1　チーズの分類法

現在は、チーズを大別して「ナチュラルチーズ」と「プロセスチーズ」に分類しているが、20世紀に入ってまもなく、原料チーズを加熱加工してつくるチーズ、いわゆる「プロセスチーズ」が誕生したことによって、それまでは単に「チーズ」と呼んでいたものを、プロセスに対する用語として、ナチュラルという語を語頭につけて「ナチュラルチーズ」と呼ぶようになった。

これは、プロセスチーズの消費率が高い国（たとえば日本、アメリカ）でのことで、ヨーロッパではプロセスチーズの消費はあるが、率はかなり低く、プロセスチーズに対する語として、とくにナチュラルという用語は使わず、今でも単に「チーズ」と呼んでいる（コーデックス規格も同様）。

さて、プロセスチーズはいろいろな分類法があるが、プロセスチーズのつくり方の項である程度述べることにして、ここでは、ナチュラルチーズについてのみ述べることにする。

ナチュラルチーズには次のような多くの分類の仕方があげられる。

・製品の硬さによる分類
・微生物の種類による分類
・風味特性による分類（タイプ別）
・製造方法による分類
・乳種による分類
・国別による分類
・販売上からみた分類

・風味成分の生成メカニズムによる分類
・物性による分類
これらのなかで、初めの3種類の分類法について解説する。

2 製品の硬さによる分類

(1) 軟質チーズ（ソフト）

脂肪以外のチーズ重量中の水分含量67％以上

① 非熟成……カッテージチーズ（各国）、クリームチーズ（各国）、クワルク（独）、フロマージュ・ブラン（仏）
② 細菌熟成……ポン・レヴェック（仏）、マンステール（仏）、タレッジョ（伊）、リンバーガー（独）
③ かび熟成（白かび）……カマンベール（仏）、ブリー（仏）、シャウルス（仏）

(2) 半硬質チーズ（セミハード）

脂肪以外のチーズ重量中の水分含量54～69％

① 細菌熟成……ゴーダ（オランダ）、オッソー・イラティ（仏）、ルブロション（仏）、ハヴァティ（デンマーク）、コルビー（米）、フォンティーナ（伊）
② かび熟成（青かび）…ロックフォール（仏）、ゴルゴンゾーラ（伊）、スティルトン（英）、ダナブルー（デンマーク）
③ かび熟成（白かびは表皮、青かびは内部併用）……ブレス・ブルー（仏）、カンボゾーラ（独）

(3) 硬質チーズ（ハード）

脂肪以外のチーズ重量中の水分含量49～56％

① 細菌熟成……チェダー（英）、コンテ（仏）、ボフォール（仏）、ケソ・マンチェゴ（スペイン）、アッペンツェラー（スイス）、プロヴォローネ（伊）

図表3－1　コーデックス規格での硬さによる分類（単位：％）

種類	MFFB規格値	チーズ例				
		チーズ名	水分	脂肪 固形分中	脂肪 全量中	MFFB実測値
超硬質	＜51	パルメザン	30.0	35.0	24.0	39.7
硬質	49～56	チェダー	35.0	55.0	35.8	54.5
半硬質	54～69	ゴーダ	40.0	50.0	30.0	57.1
軟質	＞67	カマンベール クリームチーズ	52.0 55.0	50.0 70.0	24.0 31.5	68.4 80.3

脂肪以外のチーズ重量中の水分含量（ＭＦＦＢ）

$$\frac{\text{チーズPの水分含量}}{\text{チーズの全重量}-\text{チーズ脂肪重量}}\times 100\ (\%)$$

②細菌熟成（プロピオン酸発酵）…エメンターラー（スイス）、グリュイエール（スイス）

(4)　**超硬質チーズ（エキストラハード）**

脂肪以外のチーズ重量中の水分含量51％以下

・細菌熟成……スプリンツ（スイス）、パルミジャーノ・レッジャーノ（伊）、グラナ・パダーノ（伊）、ペコリーノ・ロマーノ（伊）

その他、主としてホエーを原料とした非熟成のリコッタ（伊）、半硬質で非熟成のイェトオスト（ノルウェー）などがある。参考までに、図表3―1にコーデックス規格での硬さの分類を示す。

3　微生物の種類による分類

図表3―2を参照のこと。

4　風味特性による分類

ナチュラルチーズには風味特性により7つのタイプに分けられる（図表3―3参照）。

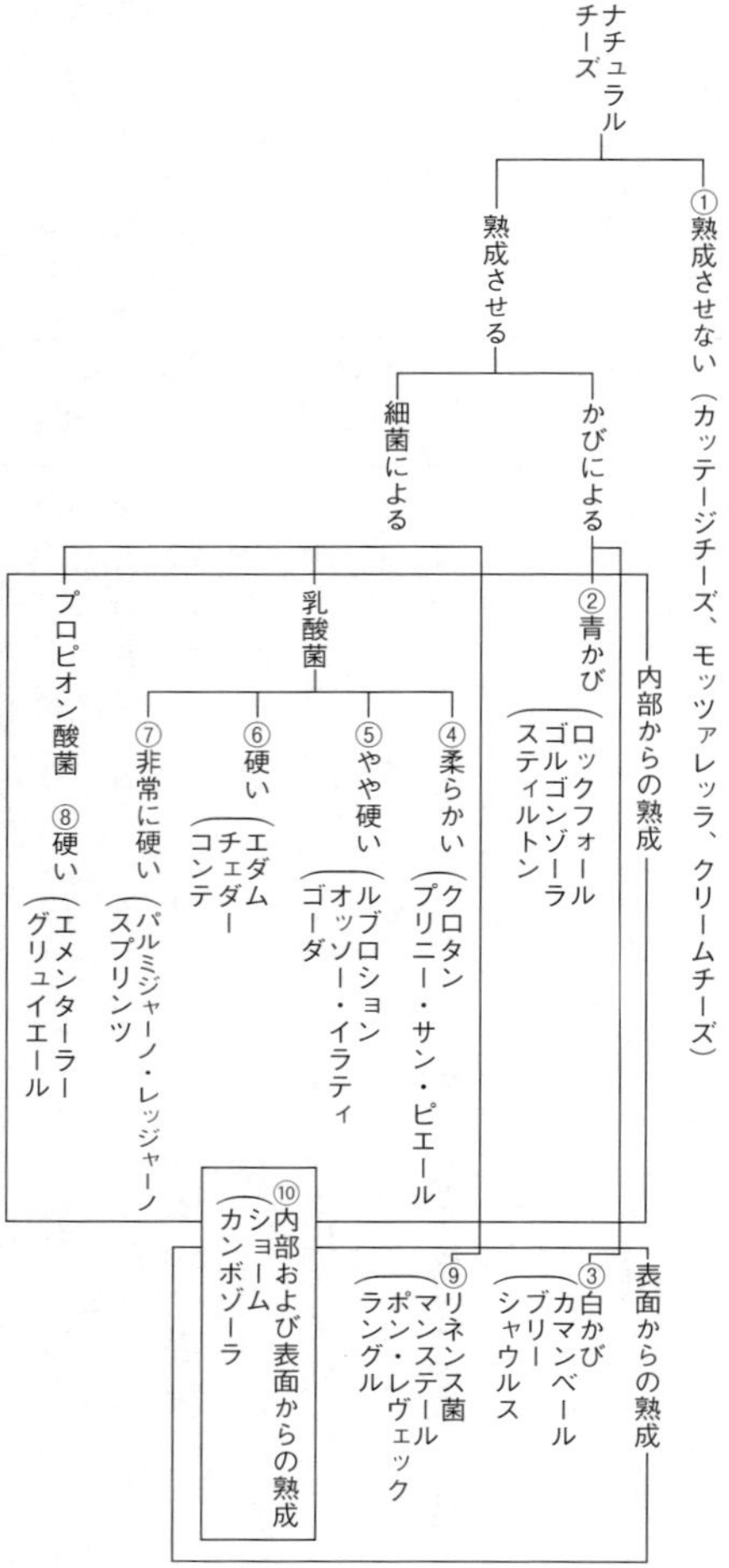

① 熟成させないチーズ
② かびによる内部からの熟成
③ かびによる表面からの熟成
④ 乳酸菌による内部からの熟成（柔らかい）
⑤ 乳酸菌による内部からの熟成（やや硬い）
⑥ 乳酸菌による内部からの熟成（硬い）
⑦ 乳酸菌による内部からの熟成（非常に硬い）
⑧ プロピオン酸菌による内部からの熟成
⑨ リネンス菌による表面からの熟成
⑩ 細菌・かびによる内部および表面からの熟成

図表３－２　微生物の種類による分類

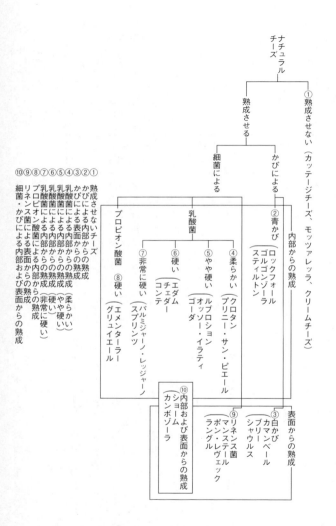

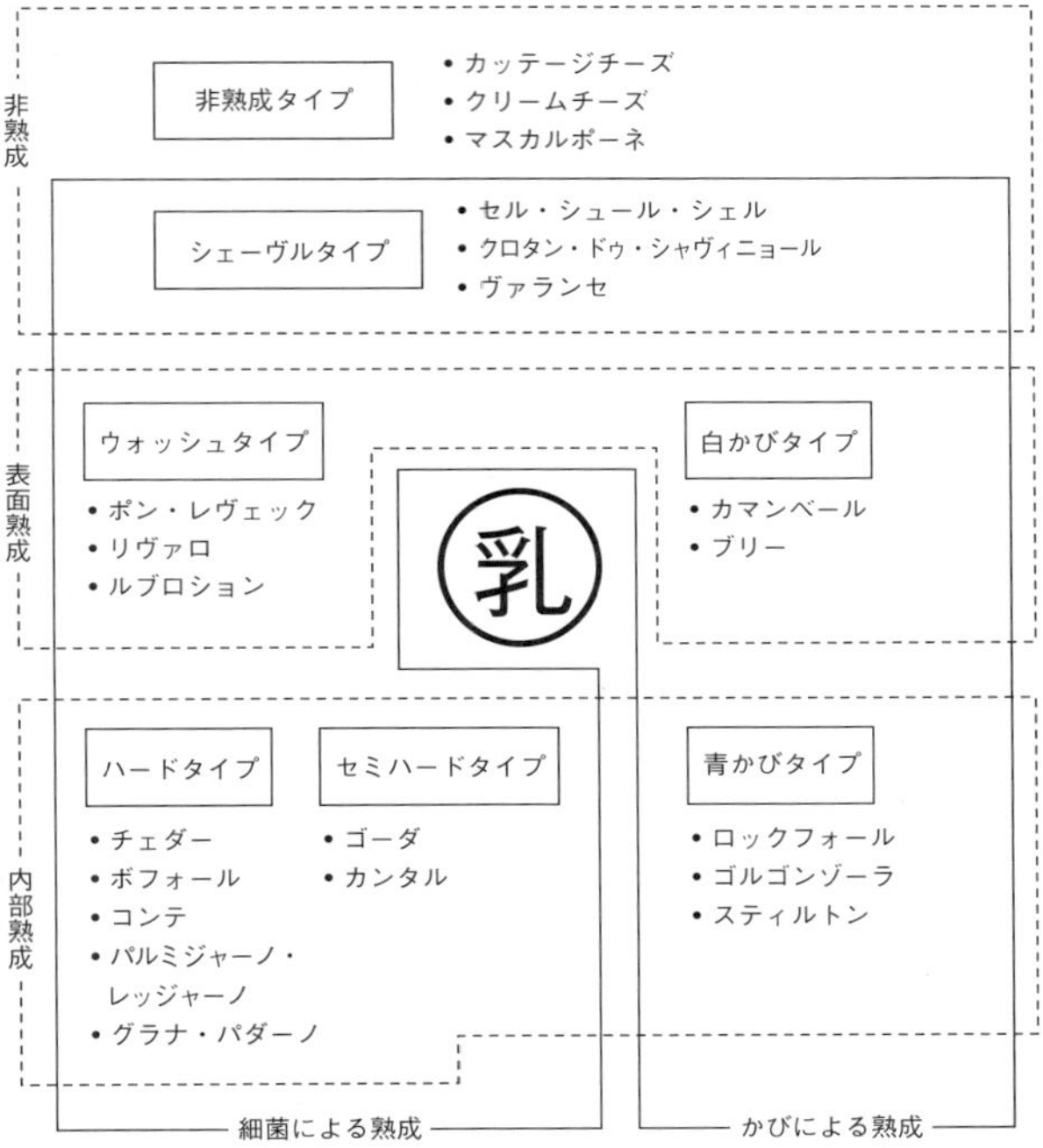

図表３－３　ナチュラルチーズ７つのタイプ

(1) 非熟成タイプ（フレッシュタイプ）

① 比較的脂肪が低めのもの

新鮮なミルクの香りがして上品だが、一般的には淡泊な味。甘味料・香辛料・和調味料・果物などを加えて食べるのがよい。

フロマージュ・ブラン（仏）、クワルク（独）、カッテージチーズ（各国）、モッツァレッラ（伊）など。

② 脂肪分が高め（固形分中脂肪70％以上）のもの

脂肪の高さから脂肪の旨みがあり、マイルドな味。甘味料・果物などを加えるとよい。その他ケーキの材料に最適。

クリームチーズプレーン、クリームチーズバラエティ、ブリアサヴァラン（仏）、ブルサン（仏・日本）、マスカルポーネ（伊）など。

(2) 白かびタイプ

表皮に白かびを植えつけて、そこから出る酵素によって熟成させるもの。

① 通常脂肪のもの……固形分中脂肪45～60％

若いうちは新鮮な感じでミルク臭、かび臭がする。中心に白い芯があり、それがボソボソして淡泊な味。中心の芯がほとんどなくなる頃が適熟で、すばらしいコクと上品な芳香がある。それを過ぎるとアンモニア臭が出てくる。

適熟のものはオードブルやワインの供として最適。また、りんごと一緒に食べると実においしい。

カマンベール（仏）、ブリー（仏）、ヌーシャテル（仏）、クロミエ（仏）、シャウルス（仏）など。

② 脂肪分の高いもの

非常にマイルドで脂肪の旨みがある。高脂肪のものはバターの風味。固形分中脂肪が60～70％と70～80％でさらに分けられる。

食べ方としては、あまり熟成を考える必要はなく輸入品もすぐに食べてもおいしい。果物などと一緒に食べるとよく、ウエハースにのせて食べると贅沢なスナックになる。

・**固形分中脂肪60～70％（ダブルクリーム）**……ブリー（仏）、カプリス・デデュー（仏）。

・**固形分中脂肪70～80％（トリプルクリーム）**……バラカ（仏）、サンタンドレ、エクスプロラトゥール（仏）、ブリアサヴァラン（仏）。

③ その他

やや硬めでバターミルクと牛乳をミックスし、にんにく風味のガプロン（仏）や脂肪の少ない（固形分中脂肪20％）淡泊な味のものもある。

④ ロングライフチーズ（適熟のものをレトルト殺菌したもの）

食べやすく、マイルドだが、多少殺菌による臭いが出ることもある。そのままおつまみ、スナックなどで食べる。

カマンベールやブリーの小型化した形のもので、100〜125g。国産品のほかフランス、ドイツ、デンマークからの輸入品がある。

(3) ウォッシュタイプ

チーズの表皮に特殊な細菌（リネンス菌）を繁殖させ、その表皮を湯や塩水、その土地の酒（ワイン、ビール、マール他）で洗いながら熟成させるもので、比較的柔らかいものをいう。このタイプにはソフト系のチーズが分類される。したがって、熟成中に表皮をウォッシュするグリュイエールやコンテなどは、ハード系に分類する。

洗い方（回数）、洗う材料によって風味や味に変化が出るが、特有の風味はマイルドから強烈なものまである。強烈な風味は、くさや、納豆、過熟な熟成などがミックスした、やや腐敗臭気味の風味（実際はそのまま放置するとリネンス菌と酵母、かびなどが一緒になったスライム菌によって腐敗臭が強くなるので、それを除き、水分補給しながら塩水や酒類によって風味を整えていく）。風味は、表皮が強いが中身は比較的マイルドなものが多く、終局のチーズともいわれている。

そのままオードブルとして、または食事の終わりに食べるほか、ワインの供としても好まれる。チーズとしては次のようなものがある。

・比較的穏やかな味のもの（中身）……ピエ・ダングロワ（仏）、ルクロン（仏）、タレッジョ（伊）、ポン・レヴェック（仏）、モン・ドール（仏）

・強い味のするもの……マンステール（仏）、エポワス（仏）、ラングル（仏）、マロワール（仏）、ハルツアーケーゼ（独）、リンバーガー（独）

・特有の風味を加えたもの……ブレット・ダヴェーヌ（仏）、ドーファン（仏）〈現地においても夏は若めで（中心部に淡黄色の芯がある）、冬は完熟（中身全体がスプレッド状のもの）で食べるといわれている〉

(4) シェーヴルタイプ

山羊の乳からつくられたソフト系チーズの総称。生乳より前からつくられていたといわれる古いチーズ。フレッシュタイプから完熟のものまでいろいろな味わいがある。

表皮に白かびを植えつけて熟成させるものもあるが、白かびの酵素分解力によって熟成が早くなる。通常黒い木炭をつけたものが多い。

オランダ原産のシェヴレッテは、生山羊乳を原料とするが、ゴーダと同じつくり方であり、セミハードタイプに分類する。

風味と味は同じチーズ名でも、フレッシュから若め～中熟～熟成へとその時々の味を楽しむことができる。熟成の度合いによってパンに塗ったり、スナックとして、溶かして冷野菜に混ぜてサラダに、また、オードブルや食事の終わりにと利用法は多い。

チーズとしては、ジェーヴル・フレ（フレッシュ）、セル・シュール・シェール、サント・モール、ロカマドゥール、クロタン・ドゥ・シャヴィニョル、ヴァランセなど。

①フレッシュ（仕込後２週間以内）

ミルクっぽい香りのなかに山羊の乳特有の味（通称山羊臭といっているが獣臭ともいう）がまだ残っており、さらに酸味を感じるが上品な味。

②やや若めの中程度の熟成（３〜６週間程度の熟成）

ミルクの香りは少なくなり、山羊の乳特有の風味も芳醇な香りとコクのある味に変化し始める。表皮が少し乾燥して形が小さくなり、自然の白かびが生えてくる。

③完熟に近いもの（適熟７〜11週間、完熟12〜14週間、さらに14週間以上の熟成をさせるものもある）

山羊乳特有のコク味と旨みが加わった深い味わいは牛乳以上。やや湿度の低いところで熟成させて表皮を乾燥させるが、中身は淡黄色をしており、まだ「しっとり」感が残っている。14週間を過ぎると舌を刺す刺激臭と強い風味が加わってくる。

(5) 青かびタイプ

チーズの内部に青かびを植えつけ（カードのなかに青かびを混ぜるか、製造時に乳へ青かびを混ぜてつくる）、チーズのなかから熟成させるもので、いろいろな乳種からつくる。牛の乳が多く、羊の乳、山羊の乳もある。

①通常脂肪のもの

固形分中脂肪45〜55%。青かびタイプ特有のピリッとした軽い刺激的な味とともに、アミノ酸の生成とコクのある旨みが出てくる。一般的に塩分が高めのものが多い。

３〜４カ月熟成の食べ頃のものが入荷される。食べ頃は6カ月くらいまでで、熟成が進むと刺激性がさらに強く舌に刺し、風味も強くなる。食べ方としては、オードブルとして、あるいはクラッカーやパンにのせた軽食のほか、そのまま野菜とミックスしたサラダやブルーチーズドレッシングに。食事の終わりに食べることも多い。料理用の「かくし味」にも使うとよい。甘みのある果物（とくに洋梨、ぶどう、いちじく）と相性がよい。

チーズとしては、ロックフォール（仏）、フルム・ダンベール（仏）、ゴルゴンゾーラ（伊）、スティルトン（英）、ブルー・ドーヴェルニュ（仏）、ブルー・デ・コース（仏）、ダナブルー（デンマーク）など。

② 脂肪の高いもの

固形分中の脂肪60〜70％。脂肪の旨みが出て、クリーミーな味わい。塩分も少なく食べやすい。ピリッとした青かび特有の味は少ない。表皮に白かびを植えつけたものが高脂肪のものに多い。白かびを植えつけたものはマイルドになりやすい。熟成は5〜6週間。チーズの中から熟成させるため、外部から多くの針の穴を中心部へ開け、そこから空気（酸素）を入れて繁殖と熟成を促進させる。穴に沿って青かびも繁殖している。

そのままオードブルとして、または、パンにのせて食べるのもよい。初心者向きの青かびタイプといえる。

チーズとしては、カンボゾーラ（独）、キャステロ・クリーミィブルー（デンマーク）。

(6) セミハードタイプ（半硬質タイプ）

水分値38〜47％。内部からの細菌熟成を2〜6カ月以内に行うもので、世界各国でも多数種つくられている。プロセスチーズの原料はこのタイプのものが大半。

味はマイルドで多くの人々に好まれている。軽いバターの香りのするもの、軽いコク味とナッティな味わいのもの、軽い心地よい酸味のあるもの、羊乳からつくる特有のコクのあるもの、軽いウォッシュの香りをつけたものなどいろいろあるが、あまり刺激的でなく穏やかな味わい。

そのままスナックやオードブルとして、あるいは、サイコロ切りにしてサラダに入れたり、サンドイッチに、料理用にと応用範囲が広い。

国別にチーズをあげると以下のとおり。

・オランダ……ゴーダ、エダム、スパイスゴーダ、ライデン、オールドアムステルダム
・デンマーク……マリボー、サムソー、ダンボー、クリームハヴァティ、エスロム
・フランス……ショーム、モルビエ、ルブロション、アボンダンス、カンタル、サレール、オッソー・イラティ、フルール・デュ・マキ
・イタリア……フォンティーナ、ベル・パエーゼ
・イギリス……ダービー、ウィンザー・レッド
・その他の国……ティルジッター（スイス）、モントレー・ジャック（アメリカ）、オカ（カナダ）、ノルヴェジア（ノルウェー）、トルンマ（フィンランド）

(7) ハードタイプ（硬質タイプ）

水分値32～38％。内部からの細菌熟成をセミハードより長くさせたもの。一般的にチーズのなかでも大きくて重量が重いものが多く、プレス機でかなり強く圧搾して水分を抜く。熟成期間も長く、硬質で保存のきくチーズ。熟成は6～10カ月（12カ月以内のものもある）、セミハードに次いで

多くの種類があり、世界各国でつくられている。

味にコクと旨みが出る深い味わいと香りがある。なかにはナッティでコクの深い味わいのものもある。チーズ通の味ともいえる。

水分値32％以下、内部からの細菌熟成をハードタイプより長くさせたもので熟成12カ月以上、3年くらいまでのものをエキストラハードタイプとして別分離する場合もある。

サイコロ状に切ってスナックやオードブルとして。また、食事の終わりのチーズデザートにも最適。料理用としても応用が広い。

国別にチーズをあげると以下のとおり。

・オランダ……エダム（ハードタイプ）
・フランス……コンテ、ボフォール、トム・ドゥ・サヴォワ、ミモレット（熟成）
・イタリア……カチョカヴァッロ、パルミジャーノ・レッジャーノ、グラナ・パダーノ、プロヴォローネ、ペコリーノ・ロマーノ
・イギリス……チェダー、チェシャー
・スイス……テット・ドゥ・モワンヌ、ラクレット、グリュイエール、エメンターラー、アッペンツェラー
・スペイン……ケソ・マンチェゴ
・スイス……スプリンツ、シャプツィガー

チーズの脂肪表示
「固形分中脂肪」

・全量のチーズの中から水分を全部取り除いた時の全固形分中の脂肪の比率である
・この比率はチーズの味にも大きく影響するものである
・この表示は各国で下記の通り表示されている

1) 英語圏…FTS45％（45％ Fat in Total Solid）または FDM45％（45％ Fat in Dry Mater）
2) フランス…MG45％（45％ de Matiere Grasse）
3) イタリア…MG45％（45％ Materia Grasso）
4) ドイツ…FETT.i.Tr（45％ Fettgehalt in der Troken Masse）
5) コーデックス規格…FDM45％（45％ Fat in Dry Mater）

◇リコッタとイェトストは、なぜ「ナチュラルチーズ」でないのか

リコッタもイェトストも「ナチュラルチーズ」表示であった。リコッタは、輸入通関上はあくまでも「ナチュラルチーズ」であるが、輸入届および<種類別>名称表示を、厚生労働省は1996年2月1日より、「濃縮ホエー」に変更し、さらに2005年5月16日には「乳又は乳製品を主要原料とする食品」に変更した。一方、イェトストは輸入通関上、「ホエーチーズ」の定義に当てはまり、輸入通関上はあくまでも「ナチュラルチーズ」であるが、『乳等省令』等の法規上は「ホエーチーズ」に触れている部分はないということから、厚生労働省はリコッタの件と同時期の2005年5月16日以降、<種類別>名称変更を「ナチュラルチーズ」から「濃縮ホエー」に変更した。

◇品質表示マーク PDO AOP DOP

世界のチーズ主要生産国には独自の「原産地呼称統制」があるが、本書では、2009年5月から完全移行した、EUの品質認証制度に登録されているか否かを記載した。英語表記ではPDO（Protected Designation of Origin）、ほかにフランス語表記のAOP（Applation d'Origine Protégée）、イタリア語表記のDOP（Denominazione di Origine Protetta）がある。

5 主要チーズの特徴

ここでは、各国を代表する70種類のチーズについて解説をする（☆はPDO）。

(1) アッペンツェラー（Appenzeller）

【分類】 セミハード
【原産国／乳種】 スイス／牛
【熟成期間】 最低3カ月以上（銀ラベル）、4カ月以上（金ラベル）、6カ月以上（黒ラベル）
【形状・重量】 円盤形、6・2～8kg
【成分】 固形分中脂肪48%以上／水分35～38%
【特徴】 セミハードタイプだが、熟成中に白ワインとハーブの入った塩水で洗いながら熟成させている香り豊かなチーズ。熟成が若いうちは上品で優し

い風味だが、熟成が進むとグリュイエールのような風味に加え、スパイシーな風味も醸し出す。

【おいしい食べ方】テーブルチーズとして。葉野菜やマスカット、梨など果汁たっぷりのフルーツと一緒に。

(2) ヴァランセ（Valençay）☆

【分類】シェーヴル

【原産国／乳種】フランス／山羊

【熟成期間】最低11日間

【形状・重量】台形体形、２２０ｇ前後

【成分】固形分中脂肪45％以上／水分50～55％

【特徴】ヴァランセ城の周辺でつくられている。もともとはサントル地方でつくられたプーリニィ・サン・ピエールが原型だったといわれている。当時は高さのあるチーズだったが、エジプト遠征に敗れたナポレオンがヴァランセを見て気分を害し、上部が切り取られたという言い伝えがある。木炭粉がかかっており、表面の黒と中の真っ白のコントラストが美しい。しっとりしていて軽い酸味と山羊乳のほどよいコクがある。熟成するにつれ濃厚な味わいになってくる。

【おいしい食べ方】テーブルチーズとして。はちみつやクルミと。辛口の白ワインと。

(3) エグモント（Egmont）

【分類】セミハード

【原産国／乳種】ニュージーランド／牛

【熟成期間】３～４カ月

【形状・重量】直方体形、20kg

【成分】固形分中脂肪50％以上／水分35～40％

【特徴】１９６７年頃、日本人の嗜好（ゴーダ風味）

に合うよう日本のチーズ技術者の指導の下に直接加塩法により開発された。国内消費よりも輸出量が多く、日本にも多く輸入されている。主にシュレッド原料として使われ、加熱してこそ風味が生きるチーズ。エグモントとは、開発された近くの山の名前。

【おいしい食べ方】 ピザ、ピザトースト、グラタンなどのオーブン料理に。

(4) エダム (Edam)

【分類】 ハード

【原産国/乳種】 オランダ/牛

【熟成期間】 ハードおよびブリトルタイプは15週以上、リンドレスタイプは10℃以下で6~7週間

【形状・重量】 球形、約1.8kg、リンドレスタイプは天地面長方形の直方体形

【成分】 固形分中脂肪40%以上/ハードタイプおよびブリトルタイプ(ブリトルは落雁のようにもろく砕けやすいという意味)は水分32~35%(リンドレスタイプは38~40%)

【特徴】 低脂肪チーズとして知名度が高い。ボール状で赤いワックスがコーティングされていたため、日本では「赤玉」と呼ばれ親しまれてきた。主にパウダー状としての需要が高く、グラタンやクッキーなど加熱する料理に使われている。戦後、日本に初めて輸入されたチーズといわれている。

【おいしい食べ方】 グラタンのほか、クッキー、パウンドケーキなど焼き菓子に。熟成の若いものは、主に薄切りにしてサンドイッチに使われている。

(5) エーデルピルツ (Edelpilz)

【分類】 青かび

【原産国／乳種】ドイツ／牛
【熟成期間】5週間以上
【形状・重量】円筒形、ローフ型約3kg、日本には円筒形をくさび型にカットされたパックのものが輸入されている。
【成分】固形分中脂肪50％以上／水分42～45％
【特徴】ドイツでは、ブルーチーズのなかで一番消費量が多い。見た目の青かびは色も濃くインパクトがあるが、まろやかさがあり食べやすい。
【おいしい食べ方】テーブルチーズに。生野菜やフルーツと合わせて。干し柿と一緒に。ドレッシングやサラダに。

(6) エポワス（Epoisses）☆

【分類】ウォッシュ
【原産国／乳種】フランス／牛
【熟成期間】最低4週間
【形状・重量】円筒形250～350g、大型の700g～1.1kgもある
【成分】固形分中脂肪50％以上／水分43～48％
【特徴】ウォッシュチーズの代表格。美食家のブリア・サヴァランが「チーズの王様」として称賛した。マール・ド・ブルゴーニュを入れた塩水で洗いながら熟成させる。熟成が進むと風味が強く刺激臭が出て、中はトロトロになる。ウォッシュタイプのなかでも強烈な個性をもち、重厚な風味は愛好家たちの垂涎の的となっている。上級者向けチーズ。
【おいしい食べ方】テーブルチーズとして。食事の終わりに。フランスでは夏場は熟成の若いものが、冬は熟成したものが好まれる。

(7) エメンターラー (Emmentaler)

【分類】ハード
【原産国／乳種】スイス／牛
【熟成期間】最低4カ月間
【形状・重量】円盤形、75～120kg
【成分】固形分中脂肪45％以上／水分35～38％
【特徴】球形および楕円形の大小の孔（チーズアイ）が特徴的なチーズ。これは特殊なスターター（プロピオン酸菌）を使用しており、穏やかなナッツのようなコクとほんのりした甘みがある。ほかのハードタイプのチーズに比べ塩分はかなり低い（0.5％前後）。フランス産、ドイツ産などもある。スイス産に比べ熟成期間が短く風味もマイルド。スイスは独自の品質認証システムをとっている。
【おいしい食べ方】チーズフォンデュ、グラタンに。りんごとくるみと葉野菜と一緒にサラダに。サンドイッチに。とくにハムの塩味との相性がよい。

(8) カチョカヴァッロ・シラーノ (Caciocavallo Silano) ☆

【分類】ハード
【原産国／乳種】イタリア／牛
【熟成期間】最低30日
【形状・重量】洋梨形、1～3kg。
【成分】固形分中脂肪38％以上／水分33～35％
【特徴】南イタリアを代表するハードタイプのチーズ。パスタフィラータ製法で製造され、熟成が若めのものは加熱すると糸引きがよいのが特徴。熟成が若いものから熟成させたものまで、それぞれ楽しめる。特徴ある形も人気の高い理由。「カチョ」はチーズ、「カヴァッロ」は馬という意味があるが、これはチーズを葦《あし》の葉でくくりつけて、馬にまたがるように棒に吊るして熟成させることから名前がつけられたという説がある。「シラーノ」とは、原産地のシラーノ高原の意味。
【おいしい食べ方】テーブルチーズとして。フルーツやワインと合わせて。熟成が若いものは厚切りにしてステーキに。熟成されたものはすりおろしてパスタやソースに使う。

(9) カッテージチーズ (Cottage Cheese)

【分類】 非熟成(フレッシュ)
【原産国/乳種】 不詳/牛
【形状・重量】カード粒状でプラスチック容器入り、100~220g、他
【成分】 固形分中脂肪16・5~28・5%/水分78~80%
【特徴】 低脂肪・低カロリーチーズの代表格。軽い口当たりとフレッシュなミルクの香りがある。ほかのチーズに比べ塩分控えめ。粒タイプとうらごしタイプがある。世界各国でつくられているが、とくにアメリカやイギリスで普及している。
【おいしい食べ方】 オリジナルタイプはサラダやオムレツのトッピングに。うらごしタイプは、ディップやケーキなどのお菓子作りに。パンケーキにもおすすめ。

(10) カプリス・デ・デュー (Caprice des Dieux)

【分類】 白かび
【原産国/乳種】 フランス/牛
【形状・重量】 楕円形、125g、200g、他ミニサイズもある
【成分】 固形分中脂肪60%/水分45~55%

【特徴】クリーミーな味わいでミルクの風味が生きている。1950年代と近年になって工場生産された白かびタイプのチーズ。スタビライズ製法でつくられており、生タイプに比べて食べ頃の状態が続く。「カプリス・デ・デュー」とはフランス語で天使の気まぐれという意味。

【おいしい食べ方】テーブルチーズとして。野菜やフルーツと一緒に。ワインと一緒に。

⑾ カマンベール・ドゥ・ノルマンディ (Camembert de Normandie)☆

【分類】白かび
【原産国／乳種】フランス／牛
【熟成期間】最低21日間
【形状・重量】(ノルマンディ) 250g以上 (ノルマンディ以外は100～250gまでさまざま)
【成分】固形分中脂肪45％以上／水分45～55％
【特徴】白かびチーズの代表格。世界でもっとも有名なチーズの一つ。フランス・ノルマンディ地方のカマンベール村の名前に由来。このノルマンディ地方で伝統的な製法でつくられたものに対してEU原産地名称保護により管理されている。それ以外は、ノルマンディとは名乗れないものの、さまざまな大きさで、発祥の国フランス以外でも各国独自の製法で多くの種類のカマンベールがつくられている。大きく分類すると、①原産地名称保護、②生タイプ、③LLタイプ（ロングライフ）に分けられる。
生タイプとは主にフランス産が圧倒的に多く、日本の工房でもこのタイプはつくられている。熟成により味が変化するので味わい、風味の変化により おいしさを楽しむことができる。

LLタイプとは加熱・殺菌して熟成を止めることで、半年から1年という長期間の保存を可能にしたタイプ。日本ではフランス、デンマーク、ドイツ産のものがよくみられ、国内の大手乳業メーカーも製造している。いつでも食べ頃が味わえ、保存性が高く扱いやすいのが魅力。

【おいしい食べ方】 テーブルチーズとして。りんごやぶどうなどのフルーツと一緒に。くるみやレーズン入りのパンと一緒に。バゲットとサンドイッチに。コーヒーや紅茶とティータイムのお供に。赤ワインやフルーティな白ワインと。ノルマンディ産のものには、カルバドスやシードルとよく合う。

⑿ カンタル（Cantal）☆

【分類】 セミハード

【原産国／乳種】 フランス／牛

【熟成期間】 熟成度合いにより異なる。ジュンヌ：30〜60日間、アントル・ドゥー：90〜210日間、ヴュー：最低240日

【形状・重量】 円筒形、35〜45kg、プチカンタルは8〜10kg

【成分】 固形分中脂肪45％以上／水分35〜38％

【特徴】 たいへん歴史の古いチーズで、旧約聖書にも匹敵するほど古いとされ、フランス最古のチーズともいわれている。素朴でミルクの香りとナッツのようなコク、そしてチェダーチーズと同じようなつくり方をすることから、軽い酸味と旨みが調和している。熟成の若いものから熟成させたもの、それぞれの味が楽しめる。

【おいしい食べ方】 テーブルチーズとして。

⒀カンボゾーラ（Cambozola）

【分類】青かび
【原産国／乳種】ドイツ／牛
【形状・重量】円盤形、約2・2kg
【成分】固形分中脂肪70％／水分42～45％
【特徴】ドイツを代表するブルータイプの一つで、外皮の白かび、内部の青かびにより熟成させる。クリーミーで食べやすく、青かびタイプの初心者にもおすすめ。カンボゾーラとは、「カマンベール」と「ゴルゴンゾーラ」の一部を組み合わせた造語。
【おいしい食べ方】テーブルチーズとして。サラダと一緒に。りんごやぶどうとよく合う。黒パンと合わせて。ビールとの相性もよい。

⒁グラナ・パダーノ（Grana Padano）☆

【分類】ハード
【原産国／乳種】イタリア／牛
【熟成期間】最低9カ月間
【形状・重量】太鼓形、24～40kg
【成分】固形分中脂肪32％以上／水分27～32％
【特徴】EU原産地名称保護を受けているイタリアチーズのなかでいちばん生産量の多いチーズ。イタリアの家庭料理には欠かせない。長期熟成により、コクと旨み、また、アミノ酸の結晶も出てくる。砕けるような口中感がある。パスタ、スープ、オムレツ、サラダにと、用途も多彩。「グラナ」とは粒状、「パダーノ」とはパダーノ平原という意味がある。
【おいしい食べ方】イタリア料理全般に。パスタ料理、スープ、グラタン、ピザなどのオーブン料理に。

⒂ クリームチーズ（Cream Cheese）

【分類】 非熟成（フレッシュ）
【原産国／乳種】 不詳／牛
【形状・重量】 形状は箱入りから、びん、プラスチック容器などさまざまで、小型のものからブロックのものまである。
【成分】 固形分中脂肪70～73％／水分50～55％
【特徴】 高脂肪のチーズで、コクのなかに爽やかで軽い酸味がある。きめが細かくなめらかな口当たり。ナチュラルチーズタイプとプロセスチーズタイプがある。最近では、一般のクリームチーズよりも固形分中脂肪の高いクリームチーズもある。
【おいしい食べ方】 ケーキやお菓子作りに。サンドイッチやベーグルに塗って。ディップにも。

⒃ グリュイエール（Gruyère）

【分類】 ハード
【原産国／乳種】 スイス／牛
【熟成期間】 最低5カ月間
【形状・重量】 円盤形、25～40kg
【成分】 固形分中脂肪49～53％／水分37～39％
【特徴】 エメンタラーとともにスイスを代表するチーズ。スイスでは『チーズの女王』と呼ばれている。ナッツのようなコクとクリーミーさがある。加熱料理も生食にも幅広く使用可能。スイスは独自の認証システムをとっている。
【おいしい食べ方】 チーズフォンデュ、オニオングラタンスープに。キッシュ・ロレーヌ、ケークサレ。葉野菜やラディッシュと一緒にサラダに。

⒄ クロタン・ドゥ・シャヴィニョル（Crottin de Chavignol）☆

【分類】 シェーヴル
【原産国／乳種】 フランス／山羊
【熟成期間】 最低10日間
【形状・重量】 やや円錐台形、60～90g
【成分】 固形分中脂肪45％以上／水分50～55％
【特徴】 濃厚な山羊乳からつくられ、軽い酸味がある。つくりたてはフレッシュ感と山羊乳特有な香りがあるが、熟成されて水分が少なくなり硬く引き締まってくると、特有の香りは和らぎ甘みが感じられるようになってくる。若めから熟成されたものまでそれぞれの味が楽しめる。「クロタン」とはその形状から馬糞という説がある。
【おいしい食べ方】 テーブルチーズとして。表面をさっとオーブンで焼き、グリーンサラダと一緒に。

⒅ クワルク（Quark）

【分類】 非熟成（フレッシュ）
【原産国／乳種】 ドイツ／牛
【形状・重量】 ヨーグルトのようなペースト状でプラスチック容器入り。内容量はさまざま
【成分】 固形分中脂肪0～40％／水分78～80％
【特徴】 ドイツでいちばん消費量が多いフレッシュタイプのチーズ。なめらかで酸味がある。クリームを添加したもの（分量はさまざま）、しないもの、フルーツが入ったフレーバーものがある。ドイツの朝食には欠かせない、まさに国民食のようなチーズ。つくりたてを食べるチーズ。
【おいしい食べ方】 朝食に。シリアルにかけて。フレッシュフルーツやフルーツソースをかけて。薄切りのドイツパンに塗って。コーヒーや紅茶と一緒に。

⑲ ケソ・マンチェゴ（Queso Manchego）☆

【分類】セミハード
【原産国／乳種】スペイン／羊
【熟成期間】最低2カ月、若いものから熟成が長いものまでさまざま
【形状・重量】円筒形、400g〜4kg
【成分】固形分中脂肪45〜52％／水分35〜40％
【特徴】マンチェガ種の羊のミルクだけを使用してつくられている。無殺菌乳からつくられる手づくりのものと、低温殺菌乳からつくられる工場製の2タイプがある。チーズの表皮には昔、萱《かや》のカゴに入れて水抜きする際に、表面についたカゴの網目模様を模して、現在使用のプラスチックのモールドの内側に同様の模様をつけている。ホクホクした食感とコク、ほのかな甘みがある。
スペインを代表するチーズで、小説「ドンキホーテ」でもおなじみ。「マンチェゴ」とはラ・マンチャ地方の高原の名前。
【おいしい食べ方】テーブルチーズとして。オリーブやコルニッションとともにタパスとして。スペインのサンドイッチ、ボガディージョに。赤ワインやシェリー酒との相性がよい。

⑳ ゴーダ（Gouda）

【分類】セミハード
【原産国／乳種】オランダ／牛
【熟成期間】リンデッドタイプは3〜4カ月間（リンドレスタイプは10℃以下で6〜7週間）
【形状・重量】円凸側面、円盤形、約4kg、約12kg、リンドレスタイプは天地面長方形の直方体形
【成分】固形分中脂肪48％／水分37〜39％（リンドレスタイプ40〜42％）

【特徴】口当たりがよくナッティでクリーミーな味わい。日本人の嗜好にもっとも合うチーズといわれている。日本人の嗜好にもっとも合うチーズの半数以上を占めている。オランダでは、生産されるチーズの半数以上を占めている。とくに、リンデットタイプのものは、熟成とともにコクと旨みが出てくる。ゴーダという名前はロッテルダム近くの小さな村に名に由来している。

【おいしい食べ方】テーブルチーズに。サンドイッチやサラダに。ピザ、グラタン、オーブン料理に。

(21) ゴルゴンゾーラ（Gorgonzola）☆

【分類】青かび

【原産国／乳種】イタリア／牛

【熟成期間】（ドルチェ）最低50日、（ピッカンテ）最低80日

【形状・重量】（ドルチェ）円筒形、12kg、（ピッカンテ）円筒形、6～12kg

【成分】固形分中脂肪48％／水分42～45％

【特徴】なめらかな口当たり。ほかのブルーチーズに比べて塩分の少ないドルチェタイプ（甘口）と、しっかりした青かびの芳醇な香りとまろやかな塩味と甘みが調和されたピッカンテタイプ（辛口）がある。ゴルゴンゾーラ村でつくられたのが始まり。

世界三大ブルーチーズの一つといわれている。日本ではもっとも人気の高いブルーチーズ。

【おいしい食べ方】テーブルチーズとして。洋梨や巨峰などのフルーツと合わせて。くるみやレーズンの入ったパンと一緒に。はちみつをかけて。パスタソースやリゾット、ドレッシングに。

㉒ コルビー・ジャック（Colby Jack）

【分類】 セミハード
【原産国／乳種】 アメリカ／牛
【熟成期間】 1～3カ月
【形状・重量】 直方体形、約20kg
【成分】 固形分中脂肪50％／水分40～43％
【特徴】 モントレー・ジャックとコルビーのカードを混ぜ圧搾してつくったチーズ。モントレージャックのクリーミーホワイトとコルビーのオレンジ色の大理石模様が鮮やか。加熱するときれいに溶け、糸引きもよいだけでなく、2種のチーズが織りなす風味とコクがいっそう引きたつ。
【おいしい食べ方】 サンドイッチ、ホットサンド、チーズハンバーグ、チーズソースに。

㉓ コンテ（Comté）☆

【分類】 セミハード
【原産国／乳種】 フランス／牛
【熟成期間】 最低120日間
【形状・重量】 円盤形32～45kg
【成分】 固形分中脂肪45％以上／水分35～28％
【特徴】 ＥＵ原産地名称保護を受けているフランスチーズのなかで生産量がいちばん多いチーズ。モンベリアード種（95％）かフレンチ・シメンタール種（5％）の牛のミルクだけでつくられる。栗のようにホクホクしていて、ほのかな甘みがあり、爽やかなフルーツ香やナッツのような香りもある。
【おいしい食べ方】 テーブルチーズに。フレッシュフルーツ、ドライフルーツ、ナッツなどと合わせて。サンドイッチ、ピンチョスなど。グラタン、キッシュ、チーズフォンデュに。

(24) サムソー（Samsoe）

【分類】 セミハード
【原産国／乳種】 デンマーク／牛
【熟成期間】 1〜3カ月
【形状・重量】 天地面正方形の直方体形、約15kg
【成分】 固形分中脂肪45％／水分42〜45％
【特徴】 エメンターラーのデンマークのオリジナルチーズ。小豆大の孔がある。原型は円盤型だったが、輸出向けに効率のよい直方体形の形になった。日本ではシュレッド原料になることが多い。風味が優しく、ほのかな甘みがある。加熱するとなめらかに溶ける。発祥の地、サムソー島にちなんで名づけられた。
【おいしい食べ方】 サンドイッチ、サラダ、オードブルに。ピザ、ホットサンドに。

(25) サンタンドレ（Saint André）

【分類】 白かび
【原産国／乳種】 フランス／牛
【熟成期間】 10日
【形状・重量】 円筒形、200g、2kg、日本向きの100gのものもある
【成分】 固形分中脂肪75％／水分45〜50％
【特徴】 バターのようなコクがあり、非常になめらかでクリーミー。ほかの白かびタイプに比べ、少し塩味を感じる。固形分中脂肪が75％以上でトリプルクリームといわれる。ふたのセロファンからふわふわの白かびで覆われているのが見え、外観はケーキのような繊細さがある。熟成が進んでくると酸味が和らぎ芯がなくなる。組織が柔らかくなるので塗って食べるのもおすすめ。
【おいしい食べ方】 テーブルチーズとして。フレッ

シュフルーツや無塩のクラッカーと合わせて。甘口のフルーティな白ワインやシャンパンと一緒に。

㉖サント・モール・ドゥ・トゥレーヌ(Sainte-Maure de Touraine)☆

【分類】シェーヴル
【原産国/乳種】フランス/山羊
【熟成期間】最低10日間
【形状・重量】円錐体形、約250g
【成分】固形分中脂肪45%以上/水分50~53%
【特徴】別名・バトン型ともいわれる珍しい形をしている。型崩れ防止のため中央に藁《わら》を1本通し、表面には木灰粉をかけて熟成させる。熟成が進むと自然の白と青のかびが生えてくる。若いうちはフレッシュな味わいと山羊乳特有の香りがあるが、熟成が進むにつれ芳醇で特有のコクがある味に変化する。
【おいしい食べ方】テーブルチーズとして。ハーブやはちみつと合わせて。

㉗シェヴレッテ(Chevrette)

【分類】セミハード
【原産国/乳種】オランダ/山羊
【熟成期間】5週間
【形状・重量】円盤形、約4kg
【成分】固形分中脂肪52・5~55・5%/水分36~39%
【特徴】山羊乳をゴーダチーズの製法でつくったもの。山羊乳の色は牛乳に比べ白っぽいので、できあがりも乳白色。熟成させることにより山羊乳特有の香りが和らぎ、ミルクの甘みが感じられる。山羊チーズの初心者や、今まで苦手だった方におすすめしたい味わい。

【おいしい食べ方】テーブルチーズとして。グリーンサラダとハーブオイルとともに。はちみつやマーマレードをかけて。

㉘ シメイ（Chimay）

【分類】セミハード
【原産国／乳種】ベルギー／牛
【熟成期間】最低4週間
【形状・重量】円盤形、275g～3kg
【成分】固形分中脂肪45％以上／水分45～48％
【特徴】修道院でつくられたのが始まりといわれる。もっともポピュラーなものは「シメイ・クラッシック」。6週間以上熟成させたものは「シメイ・グラン・クリュ」、ビールで洗ったものは「シメイ・ア・ラ・ビエール」と呼ばれる。ベルギーでは、「シメイ」という名前のビールがあり、チーズとビールのマリアージュも楽しめる。
【おいしい食べ方】テーブルチーズに。生野菜やフルーツと合わせて。ビールによく合う。

㉙ シュロップシャー・ブルー（Shropshire Blue）

【分類】青かび
【原産国／乳種】イギリス／牛
【熟成期間】3カ月
【形状・重量】円筒形、約8kg
【成分】固形分中脂肪48％／水分35～38％
【特徴】アナトー色素で色づけされたオレンジ色の組織に、青かびが大理石模様に広がっている。スティルトンと比べてほのかな甘みがあり、まろやかで優しい味わい。1970年にスコットランドでつくられ始めた新しいチーズで歴史は浅いが、最近人気が高まっているブルーチーズの一つ。
【おいしい食べ方】テーブルチーズとして。スコッチウイスキーと一緒に。

㉚ スカモルツァ (Scamorza)

【分類】非熟成(フレッシュ)
【原産国/乳種】イタリア/牛
【形状・重量】球形、ひょうたん形などさまざま、100～300g
【成分】固形分中脂肪45～52%/水分53～55%
【特徴】パスタフィラータタイプのチーズで、かまぼこのような弾力性のある食感。加熱するとなめらかに溶け、糸引きがよいのが特徴。燻製にしたもの(アフミカータ)としていないもの(ビアンキ)があるが、アフミカータの方が人気がある。
【おいしい食べ方】1cmくらいの厚さに切ってステーキやパネ(パン粉焼き)に。ピザやグラタンなどのオーブン料理に。

㉛ スティルトン (Stilton)

【分類】青かび
【原産国/乳種】イギリス/牛
【熟成期間】ブルーは最低8週間、ホワイトは4週間
【形状・重量】円筒形5～8kg
【成分】固形分中脂肪48%以上/水分35～38%
【特徴】スティルトンにはブルー・スティルトンとホワイト・スティルトンの2種類がある。日本人にはブルー・スティルトンの方がなじみがある。ねっとりとした口当たりで青かび独特の濃厚な風味のなかに、密のような甘みがある。大理石模様のような青かびが特長。スティルトンはロンドン

郊外の町の名前に由来。世界三大ブルーの一つ。

【おいしい食べ方】テーブルチーズとして。プルーンやレーズンとよく合う。ポートワイン、貴腐ワイン、シェリー酒ともよく合う。

⑶² ステッペン (Steppen)

【分類】 セミハード

【原産国／乳種】 ドイツ／牛

【熟成期間】 1～2カ月

【形状・重量】 直方体、約3kg（4pと呼ばれる）、約15kg（1pと呼ばれる）

【成分】 固形分中脂肪40％／水分45～48％

【特徴】加熱すると糸引きがよいチーズ。シュレッドチーズの原料に使用される頻度が圧倒的に多い。チェダーやゴーダに比べ脂肪分が低く、加熱したときにオイルオフしにくいのが特徴。

【おいしい食べ方】 ピザ、ホットサンドイッチに。

⑶³ スパイスゴーダ (Spice Gouda)

【分類】 セミハード

【原産国／乳種】 オランダ／牛

【熟成期間】 6～7週間

【形状・重量】 円盤形、約4kg、10kgサイズのものもある。ワックスで覆われている。

【成分】 固形分中脂肪48％／水分36～39％

【特徴】ゴーダにキャラウェイシードを入れたチーズ。スライサーで薄く引くように削るとより風味が際立つ。一般的にスパイスゴーダとはキャラウェイシード入りのものをさすが、マスタード入り、ポワブル（コショウ）入りなどの香辛料で風味づけされたものもあり、バラエティ豊か。

【おいしい食べ方】 サンドイッチに。サイコロ状に切ってカレーの薬味に。ビールとの相性がよい。

㉞ スプリンツ（Sbrinz）

【分類】 ハード
【原産国／乳種】 スイス／牛
【熟成期間】 最低16カ月間
【形状・重量】 円盤形、25～45kg
【成分】 固形分中脂肪45％以上／水分32～37％
【特徴】 超硬質タイプで、スイスでは最古のチーズといわれている。脂肪のおいしさとアミノ酸の旨みが調和した奥深い味わい。専用のチーズスライサーで薄く削って食べるのが一般的といわれている。スイスは独自の認証システムをとっている。
【おいしい食べ方】 テーブルチーズとしては専用のスライサー（鉋《かんな》）で薄く削って食べるのが一般的。しかし、器具が手に入りにくいので、ひと口大に砕いておつまみにしたり細切りにしてサラダに。また、粉末にしてスープの浮き身、スフレに。

㉟ セル・シュール・シェール（Selles-sur-Cher）☆

【分類】 シェーヴル
【原産国／乳種】 フランス／山羊
【熟成期間】 最低10日間
【形状・重量】 円錐体形、１５０g
【成分】 固形分中脂肪45％以上／水分45～48％
【特徴】 山羊チーズのなかでも、きめが細かく上品で洗練された味わい。表面に木灰粉をかけて熟成させるが、熟成が進むにつれ灰色になってくる。「セル・シュール・シェール」とはロワール川の支流、シェール川にかかるセルの町という意味。
【おいしい食べ方】 テーブルチーズとして。はちみつやくるみと合わせて。辛口の白ワインと合う。

㊱ ダナブルー（Danablu）

【分類】 青かび
【原産国／乳種】 デンマーク／牛
【形状・重量】 円筒形、約3kg
【成分】 固形分中脂肪50〜62％／水分45〜50％
【特徴】 デンマークのブルーチーズを総称して「ダナブルー」と呼ぶ。フランスの「ロックフォール」の製法をもとにつくられたデンマークのオリジナルチーズで、「ロックフォール」と混同を避けるために「ダナブルー」という名称になった。長期の輸送・保存に耐え安定した品質は世界各国への輸出も多い。風味が強くシャープで独特な辛さがある。日本に初めて輸入されたブルーチーズである。日本では往年のファンが多い。イタリアのゴルゴンゾーラの製法を真似たものは「ミセラ」という名前で、ダナブルーより柔らかく塩分も少なく丸みのある味わい。
【おいしい食べ方】 テーブルチーズとして。サラダやフルーツと合わせて。ブルーチーズドレッシングに。

㊲ タレッジョ（Taleggio）☆

【分類】 ウォッシュ
【原産国／乳種】 イタリア／牛
【熟成期間】 最低35日間
【形状・重量】 天地面正方形の直方体形、1.7〜2.2kg
【成分】 固形分中脂肪48％／水分38〜40％
【特徴】 イタリアでは珍しいウォッシュタイプのチーズ。ウォッシュタイプのなかでも控えめな香りで、まろやかさと上品な軽い酸味を合わせもつ。もともと起源は古く当時、アルプス山脈に放牧されていた牛が秋に山を降りてくる途中につくられるチーズだったので、「疲れた」という意味の「ストラッキーノ」と呼ばれていた。のちにタレッジヨ渓谷でつくられたが、第一次世界大戦後、名前はそのままに平野部でもつくられるようになった。

【おいしい食べ方】 テーブルチーズとして。生野菜やぶどう、りんご、洋梨などのフルーツと一緒に。リゾットやオムレツに。

⒅ チェダー（Cheddar）

【分類】 ハード

【原産国／乳種】 イギリス／牛

【熟成期間】 リンデッドタイプは最低6カ月以上、オリジナルであるウストカントリーファームハウスチェダーは最低9カ月間、リンドレスタイプは冷蔵で3～5カ月間

【形状・重量】 円筒形、直方体のものは約20kg

【成分】 固形分中脂肪50％／水分33～38％

【特徴】 チェダーは世界で生産量がいちばん多い。オリジナルのリンデッドタイプは円筒形だったが、連続式製造設備の開発とともに世界のあちこちでつくられるようになり、すべてが直方体のリンドレスタイプになった。イギリス最古のチーズであるチェシャーをチェダー村でつくることになったとき、ある理由から特殊な工程をとることになり、その工程の名称をチェダリングと名づけられた。ホワイトとレッド（アナトー色素で色づけしたもの）があり、ホワイトの方が歴史は古いが、日本ではレッドの方が人気はある。健康志向ニーズにより開発された「ローファットチェダー」もある。

【おいしい食べ方】テーブルチーズとして。サンドイッチやサラダに。トーストやオムレツに。

⑶⑼ テット・ドゥ・モアンヌ（Tête de Moine）

【分類】ハード
【原産国／乳種】スイス／牛
【熟成期間】最低75日間
【形状・重量】円筒形７００g〜２kg
【成分】固形分中脂肪51％以上／水分35〜38％
【特徴】「ジロール」と呼ばれる専用の削り器でジロール茸のように薄く削って食べる。４カ月以上熟成させたものは「レゼルバ」と呼ばれ、金色のホイルで包まれている。「テット」は頭、「モアンヌ」は修道士という意味で「坊さんの頭」という意味のチーズ。ベルン地方の修道士がつくったという記録が残されている。スイスは独自の認証システムをとっている。
【おいしい食べ方】テーブルチーズとして。削りながら食べるパフォーマンス性と切りたてが味わえる。はちみつをかけるとマイルドに、ブラックペッパーをかけるとよりパンチのきいた味わいになる。

⑷⑽ ノルヴェジア（Norvegia）

【分類】セミハード
【原産国／乳種】ノルウェー／牛
【熟成期間】３〜４カ月
【形状・重量】天地面長方形の直方体形、約10kg
【成分】固形分中脂肪45％／水分40〜45％
【特徴】ゴーダタイプのノルウェーを代表するチーズ。穏やかな風味で、オランダゴーダに比べて色はやや白っぽいクリーム色。日本ではシュレッドチーズの原料に使われている。世界にも多く輸出されている。

【おいしい食べ方】 ピザ、ホットサンドイッチに。

⑷1 パルミジャーノ・レッジャーノ(Parmigiano Reggiano)☆

【分類】 ハード

【原産国／乳種】 イタリア／牛

【熟成期間】 最低12カ月間、平均的には18～24カ月のもの

【形状・重量】 太鼓形、30～35kg

【成分】 固形分中脂肪32％以上／水分87～32％

【特徴】「イタリアチーズの王様」と呼ばれている。コクと旨みが凝縮された逸品で、白い粒々は長い熟成により生まれるアミノ酸（チロシン）の結晶。ボロボロと砕けるのが特長。EU原産地名称保護を受けており、製造エリア、製造方法により品質は厳しく、1年熟成はメッザーノ、18～24カ月はクラシッコ、18カ月以上で2度目の審査により選別されたものはエクストラとして最高36カ月まで熟成が続けられる。

日本にはクラシッコがもっとも多く入荷されている。料理の用途が広く、ほかのチーズに比べて100g中のカルシウム含有量がいちばん高くて消化吸収がよいので、幅広い年代の方におすすめ。

【おいしい食べ方】 あらゆるイタリア料理に。（パウダー）パスタ料理、リゾット、グラタン、フリッタータ、スープ、カレーに。（砕いて）テーブルチーズに。バルサミコ酢、コルミッション、はちみつと合わせて。フレッシュフルーツ（洋梨、りんご、ぶどう）と合わせて。（削って）カルパッチョに。

(42) ハロウミ (Halloumi)

【分類】非熟成(フレッシュ)
【原産国／乳種】キプロス／めん羊(羊)または牛、めん羊(羊)、山羊の混合乳
【形状・重量】直方体形、200g
【成分】固形分中脂肪45%／水分75~78%
【特徴】キプロスを代表するチーズ。白い組織は繊維状でひきしまっていて崩れにくく、笹かまぼこのような食感がある。ミントとオレガノがアクセントになっているので、爽やかさもある。加熱しても溶けたり、糸引きしたりすることがなく形状が残る。ステーキのように焼いたり揚げたりして食べる。
【おいしい食べ方】オリーブオイルとの相性がよい。トマトやきゅうり、オリーブとサラダに。すいかと一緒に食べるのもおすすめ。両面焼いてチーズステーキに。

(43) ピエ・ダングロワ (Pié d'Angloys)

【分類】ウォッシュ
【原産国／乳種】フランス／牛
【形状・重量】円盤形、200g
【成分】固形分中脂肪60%／水分56~48%
【特徴】香りも味もマイルドで口当たりもなめらか。ウォッシュタイプ特有の香りが少なく初心者の方にもおすすめ。熟成が進んでくると、芯がなくなりトロトロの状態に。このときはカットするよりすくって食べるのがおすすめ。
【おいしい食べ方】テーブルチーズとして。ゆでたじゃがいもと一緒に。

⑷④ フェタ（Feta）☆

【分類】非熟成（フレッシュ）
【原産国／乳種】ギリシャ／めん羊（羊）100%もしくは山羊30%まで加えることができる。
【形状・重量】天地面正方形直方体形（缶入り）、16kg、個包装、200gほか
【成分】固形分中脂肪43%以上／水分55〜60%
【特徴】「フェタ」とはギリシャ語で「スライス」を意味する。古代ギリシャからほとんどそのつくり方は変わっていない。真っ白なチーズを高濃度の塩水に漬けて保存させる。羊乳独特のコクがあるがクセは少ない。ギリシャがオリジンでEU原産地名称保護を受けているが、牛乳製のデンマーク産の方が日本ではなじみがある。ハーブやスパイスとオリーブオイルに漬けたものがある。
【おいしい食べ方】トマトやブラックオリーブ、オリーブオイルと一緒にサラダに。フレッシュフルーツと一緒にテーブルチーズとして。
※水で塩抜きして使用した方が日本人の嗜好に合いやすい。塩分を抜きすぎるとフェタ本来の旨みがなくなるので注意する。

⑷⑤ フォンティーナ（Fontina）☆

【分類】セミハード
【原産国／乳種】イタリア／牛
【熟成期間】最低80日間
【形状・重量】円盤形、7・5〜12kg
【成分】固形分中脂肪45%以上／水分37〜42%
【特徴】イタリアを代表する山のチーズ。フランス、スイスの国境を接するヴァッレ・ダオスタ州でつくられている。12の渓谷だけでつくられており、それ以外の場所で製造されるものは「フォンタル」

と呼ぶ。濃厚な旨みのなかにナッツの風味とはちみつの甘みが感じられる。とくに、6~9月に山でつくられたものは、アルペッジオ（Alpeggio）と呼ばれる。

【おいしい食べ方】「フォンデュータ」「フォンティーナでつくるチーズフォンデュに。ゆでたじゃがいもとオーブン焼きに。

⑷⑹ ブリアサヴァラン（Brillat Savarin）

【分類】 非熟成（フレッシュ）

【原産国／乳種】 フランス／牛

【形状・重量】 円盤形、200g、500g

【成分】 固形分中脂肪72~75%／水分50~55%

【特徴】 クリーミーで軽い酸味がある。きめが細かくレアチーズケーキのようなやさしい口当たり。熟成したタイプもある。美食家「ブリア・サヴァラン」の名前にちなんで命名されるほどリッチで、あとをひくおいしさ。

【おいしい食べ方】 デザートとして。ジャムやはちみつ、ドライフルーツを添えて。コーヒーや紅茶と。シャンパン（スパークリングワイン）や微発泡の日本酒にもよく合う。

⑷⑺ ブリー・ドゥ・モー（Brie de Meaux）☆

【分類】 白かび

【原産国／乳種】 フランス／牛

【熟成期間】 最低4週間

【形状・重量】 円盤形、3kg

【成分】 固形分中脂肪45%／水分48~53%

【特徴】 数多くあるフランス産の白かびのなかでもひときわ大きなチーズ。パリの郊外でつくられている。1815年のウィーン会議では「チーズの王」に選ばれている。

日本にはブリー・ドゥ・モーやブリー・ドゥ・ムランのEU原産地名称保護を受けたものよりも、大量生産型のブリーが圧倒的に多く入荷されている。クリーミーでまろやかな口当たりは誰にでも好まれ、カマンベールより食べやすい白かびチーズで人気を博している。最近の輸入ものは、食べ頃の期間が持続するスタビライズ製法のものが圧倒的に多くなっている。

【おいしい食べ方】テーブルチーズとして。バゲットのサンドイッチに。くるみやレーズン入りのパンと。りんごやいちご、ぶどうなどフレッシュフルーツと一緒に。

⑷⑻ ブルサン（Boursin）

【分類】非熟成（フレッシュ）

【原産国／乳種】フランス／牛

【形状・重量】ソフトカード状でアルミ箔容器と紙箱入り、100g、150g

【成分】固形分中脂肪（ガーリック＆ハーブ）72・5%、（ペッパー）73%

【特徴】世界的に人気の高いフレッシュチーズ。以前はフランス産のものが日本に入荷されていたが、近年日本のメーカーで製造することになり、現在、国産品が流通している。

【おいしい食べ方】テーブルチーズとして。オードブル、サンドイッチに。

⑷⑼ ブルソー（Boursault）

【分類】非熟成（フレッシュ）

【原産国／乳種】フランス／牛

【形状・重量】円筒形、125g、他

【成分】固形分中脂肪70％／水分50～53％
【特徴】バターのようなコクと口当たり。外皮が薄くクリーム色で中はしっとりしている。
【おいしい食べ方】テーブルチーズとして。シャンパン（スパークリング）との相性がよい。

(50) ブルー・デ・コース(Bleu des Causses)☆

【分類】青かび
【原産国／乳種】フランス／牛
【熟成期間】最低70日間
【形状・重量】円筒形、2・3～3kg
【成分】固形分中脂肪45％以上／水分45～50％
【特徴】ロックフォールの牛乳版といわれている。乳種以外のつくり方は似ていて、熟成も同様に石灰岩の洞窟で行う。ロックフォールに比べて色はやや黄色みのアイボリーで、味はやや穏やか。
【おいしい食べ方】テーブルチーズとして。くるみやレーズンの入ったパンやパンドカンパーニュと。ステーキのソース代わりに。洋梨と一緒に。ソーテルヌ（貴腐ワイン）やポートワイン、重厚な赤ワインと。

(51) ブルー・ドーヴェルニュ(Bleu d'Auvergne)☆

【分類】青かび
【原産国／乳種】フランス／牛
【熟成期間】最低28日間
【形状・重量】円筒形、2～3kg
【成分】固形分中脂肪50％以上／水分40～45％
【特徴】ロックフォールからヒントを得てつくられたブルーチーズ。しっとりしたクリーミーさと、ピリッとしたシャープさとのバランスがよい。

【おいしい食べ方】テーブルチーズとして。くるみやレーズン入りのパンと。ブルーベリーやクランベリー入りのパンと。重厚な赤ワインと。

⑸2 フルム・ダンベール(Fourme d'Ambert)☆

【分類】青かび
【原産国/乳種】フランス/牛
【熟成期間】最低28日間
【形状・重量】円筒形、1・9～2・5kg
【成分】固形分中脂肪50%以上/水分45～50%
【特徴】見た目より青かび特有のシャープさが少なく食べやすいブルーチーズ。しっとりしていて脂肪分が高く、ねっとりしていて口どけがよい。ブルーチーズの初心者におすすめしたいブルーチーズ。「高貴なブルーチーズ」と呼ばれている。
【おいしい食べ方】テーブルチーズとして。くるみの入ったパンやパンドカンパーニュと一緒に。マスカットやりんごなどのフルーツと。セロリやきゅうりなどの生野菜と一緒に。

⑸3 フロマージュ・ブラン(Fromage Blanc)

【分類】非熟成(フレッシュ)
【原産国/乳種】フランス/牛
【形状・重量】ヨーグルト状でプラスチック容器入り、200g、500g、他
【成分】固形分中脂肪0～40%/水分75～80%
【特徴】見た目はヨーグルトのようだが、酸味が柔らかくほどよいコクとなめらかさがある。フランスでは朝食やデザート、子どものおやつの用途が多い。プレーンタイプでも脂肪分が0～40%とさまざま。フルーツフレーバーのものもある。
【おいしい食べ方】デザートとして。砂糖やジャム、

塩と刻んだシブレットを添えて食べる。レーズンやドライフルーツ入りのパンやフルーツケーキと一緒に。

(54) ペコリーノ・ロマーノ(Pecorino Romano)☆

【分類】 ハード
【原産国／乳種】 イタリア／めん羊（羊）
【熟成期間】 最低5カ月間
【形状・重量】 円筒形20〜35kg
【成分】 固形分中脂肪36％以上／水分33〜38％
【特徴】 イタリア最古といわれているチーズ。「ペコリーノ」とは羊乳、「ロマーノ」とはローマを意味する。製造期間は羊乳の搾乳期である10月から翌年の7月末まで。加塩方法は乾塩法、ブライン法どちらの製法でもよいとされている。日本には熟成された方が圧倒的に多く入荷されている。

最近、日本ではペコリーノ・ロマーノの需要も増えてきた。もともとローマ郊外でつくられていたため名づけられたが、今では生産拠点がほとんどサルディーニャに移っている。

【おいしい食べ方】 パウダーにして調味料的な使い方をする。アマトリチャーナ、カルボナーラには欠かせない。グリーンサラダのトッピングに。熟成の若いものはテーブルチーズとして楽しむ。

(55) ポーター（チェダー・ポーター）(Porter)

【分類】 ハード
【原産国／乳種】 アイルランド／牛
【熟成期間】 4〜6カ月間
【形状・重量】 円盤形2・25kg
【成分】 固形分中脂肪50％／水分35〜40％
【特徴】 アイルランドの黒ビール「ポーター」を

混ぜてつくられている。黒ビールとカラメル色素の褐色とチーズの黄色が大理石模様で目をひく。コクと酸味のなかにカラメルの甘い香り、そして黒ビールの香ばしさとホップのほろ苦さが重なる大人の味わい。

【おいしい食べ方】テーブルチーズとして。クラッカーと一緒に。黒ビールとよく合う。

㊵ ボフォール（Beaufort）☆

【分類】ハード

【原産国／乳種】フランス／牛

【熟成期間】最低5カ月間

【形状・重量】円凹側面円盤形20～70kg（平均40～45kg）

【成分】固形分中脂肪48％以上／水分30～35％

【特徴】フランスが誇る山のチーズの一つ。美食家ブリア・サヴァランは「プリンス・オブ・グリュイエール」と称賛している。味はグリュイエールに似ているが、コクのなかに芳醇な高山植物やハーブの旨みと香りがあり、複雑味がありながら上品な味わいでチーズ通に人気がある。Ete（エテ）とは6～10月まで放牧された牛のミルクで生産されたもので、標高1500m以上の高地のシャレ（山のチーズ小屋）でつくられたものはAlpage（アルパージュ）と呼ばれ、珍重される。

【おいしい食べ方】テーブルチーズとして。オードブル、食事の終わりに。

㊷ ポン・レヴェック（Pont-l'Evêque）☆

【分類】ウォッシュ

【原産国／乳種】フランス／牛

【熟成期間】（グランポン・レヴェック）最低21日

間、(それ以外)最低18日間
【形状・重量】 天地面正方形の直方体形、(グラン)1・2~1・6kg、(ポン・レヴェック)300~400g※ドゥミ(半分)150~200g(プティ・ポン・レヴェック)
【成分】 固形分中脂肪45%以上/水分45~48%
【特徴】 フランス・ノルマンディを代表するウォッシュチーズ。この地方では最古のもので、修道院で生まれた。表皮の香りに反して中身はクセが少なく、コクがあり芳醇な旨みがある。
【おいしい食べ方】 テーブルチーズとして。りんごと合わせて。パンドカンパーニュやバゲットと。赤ワインのほか、カルヴァドスやシードルともよく合う。

⑸⑻ マスカルポーネ(Mascarpone)

【分類】 非熟成(フレッシュ)
【原産国/乳種】 イタリア/牛
【形状・重量】 ペースト状でプラスチック容器入り、250g、500g、他
【成分】 固形分中脂肪70~90%/水分77~80%
【特徴】 生クリームのようでほのかな甘みがある。ティラミスの材料として有名。このチーズを食べたスペイン総督が「マス・ケ・ブエ(絶品じゃ)!」と感嘆した言葉がなまって、このチーズの名前になったという伝説がある。
【おいしい食べ方】 ティラミス。お菓子作りに。ディップやソースにも。

⑸⑼ マリボー(Maribo)

【分類】 セミハード

【原産国／乳種】デンマーク／牛
【熟成期間】1～3カ月
【形状・重量】天地面正方形の直方体形、約15kg
【成分】固形分中脂肪45％／水分42～45％
【特徴】優しい風味でほのかな甘みがある。原型は円盤型だったが、輸出向けに効率のよい直方体になった。加熱するとなめらかに溶ける。野菜との相性がよい。
【おいしい食べ方】サラダやサンドイッチに。ピザやホットサンドに。

(60) マンステール（Munster）☆

【分類】ウォッシュ
【原産国／乳種】フランス／牛
【熟成期間】（大型）最低21日間、（小型）最低14日間
【形状・重量】円盤形、（大型）450g以上、（小型）120g以上
【成分】固形分中脂肪45％以上／水分45～48％
【特徴】ドイツとの国境に近いアルザス地方を代表するウォッシュタイプのチーズ。修道院でつくられたのが始まり。熟成が進むと、表皮は濃いオレンジ色になってくる。
【おいしい食べ方】テーブルチーズとして。キャラウェイシードをふって食べると食べやすい。ライ麦入りのパンと合わせて。ビールによく合う。

(61) ミモレット（Mimolette）

【分類】セミハード
【原産国／乳種】フランス／牛
【熟成期間】最低3カ月以上、6カ月、12カ月、18カ月、22カ月、24カ月あり
【形状・重量】球体形、3kg

【成分】固形分中脂肪40％／水分32～35％（リンドレスタイプ38～40％）
【特徴】ウニやからすみのようなコクのある味わい。オレンジ色は植物色素のアナトーを使用しているため。熟成に応じて呼名が変わり、味わいも深く旨みが濃くなっていく。熟成が1年過ぎたくらいから表皮にシロン（コナダニの一種・チーズダニ）が生育し出し、不規則な窪みをつくる。このシロンがミモレットの旨みづくりに一役かっている。日本では「ひからびたチーズ」として一世を風靡し、知名度が上がったチーズ。
【おいしい食べ方】テーブルチーズとして。サラダやオードブルに。ビールによく合う。

⒃ モッツァレッラ・ディ・ブーファラ・カンパーナ(Mozzarella di Bufala Campana)☆

【分類】非熟成（フレッシュ）
【原産国／乳種】イタリア／水牛
【形状・重量】楕円体形20～800g
【成分】固形分中脂肪52％／水分53～55％
【特徴】ミルクの甘みがあり、新鮮でなめらかな口当たりで、見た目は丸い豆腐のよう。クセが少なく口当たりが優しいことから、人気の高いチーズ。トマトとモッツァレッラのサラダ「カプレーゼ」はとくに有名。本場ナポリピッツァの定義では、このチーズを使用しなければならない。製造工程の作業、引きちぎる（モッツァーレ）という言葉に由来する。

ブーファラ（水牛乳）製のものは原産地呼称で保護されているが、牛乳製の方は大量生産型でさまざまな大きさ、容量のものが日本にも多く入荷されている。日本でも大手乳業メーカーや工房でも生産され、市場で見る機会が多くなった。業務用では、冷凍ものがある。

【おいしい食べ方】カプレーゼ、サラダ、オードブル、ピッツァ、ラザニア、グラタンなどに。

(63) モルビエ（Morbier）☆

【分類】セミハード

【原産国／乳種】フランス／牛

【熟成期間】最低45日間

【形状・重量】円盤形、5～8kg

【成分】固形分中脂肪45％以上／水分40～43％

【特徴】もともとコンテをつくっていた人々が、残ったカードと翌日のカードを合わせて自家用につくっていたもので、真ん中の黒い線は前日のカード表面の虫よけのために、鍋底のススをかけたもの。今はつくりたてを1／2に切り、木灰を用いて昔のモルビエに似せて生産している。むっちりとした食感で、ミルクの甘みがあり食べやすい。

【おいしい食べ方】テーブルチーズとして。

(64) モン・ドール（Mont d'Or）☆

【分類】ウォッシュ

【原産国／乳種】フランス／牛

【熟成期間】最低21日間

【形状・重量】円盤形、480g～3・2kg（木箱入り）（日本には480gが多く入荷されている）

【成分】固形分中脂肪45％以上／水分45～48％

【特徴】すくって食べるチーズの代表格。8月15日から3月15日までしか製造されない季節限定のチーズ。エピセア（モミの木の一種）の樹皮で巻き、エピセアの棚の上で熟成させる。出荷時に曲げわっぱのような木箱に入れて出荷される。熟成させると中身はとろりと柔らかくなり、上部の表皮を取り除いてスプーンですくって食べる。コンテを製造する際に余ったミルクでつくられたのが始まり、という説もある。

【おいしい食べ方】 テーブルチーズとして。そのまま、パンやゆでたじゃがいもと一緒に楽しむ。残ったら木箱ごとホイルで包み、中にみじん切りのにんにく、白ワインを入れ、パン粉を振ってオーブンで焼けば「フォンドール」という料理になる。

⑮ モントレー・ジャック（Monterey Jack）

【分類】 セミハード

【原産国／乳種】 アメリカ／牛

【熟成期間】 1～3カ月

【形状・重量】 直方体形、約20 kg

【成分】 固形分中脂肪50％／水分35～40％

【特徴】 クセが少なくマイルドな味わい。生食だと淡白に感じるが、加熱するとなめらかに溶けコクが増す。カリフォルニア州モントレー郡生まれのアメリカンオリジナルチーズ。モントレージャックにハラペーニョやチリを加えたものは「ペッパー・ジャック」。

【おいしい食べ方】 テーブルチーズとして。サイコロ状に切ってオードブルに。加熱用ピザ、チーズトースト、ロールカツの具に。

⑯ ライオル（Laguiole）☆

【分類】 ハード

【原産国／乳種】 フランス／牛

【熟成期間】 最低4カ月間

【形状・重量】円筒形、20～50kg
【成分】固形分中脂肪45％以上／水分33～38％
【特徴】見た目が石臼のようで、厚い外皮に刻まれた赤い雄牛の絵柄とLAGUIOLEの文字が目印。オーベルニュ地方のオーブラック高原のカンタル、サレールと同様のつくり方をしている。3つのなかで生産量がいちばん少なく、希少価値が高い。オーベルニュの郷土料理「アリゴ」はライオルのフレッシュとじゃがいものピューレとニンニクを混ぜて作るが、生産量が少なく賞味が短いため、若めのカンタルで代用する場合もあるようだ。
【おいしい食べ方】フレッシュなものは「アリゴ」、熟成されたものはテーブルチーズとして。辛口の白ワインとよく合う。

⑹⑺ ラクレット・デュ・ヴァレー (Raclette du Valais)

【分類】ハード
【原産国／乳種】スイス／牛
【熟成期間】最低3カ月間
【形状・重量】円盤形、約4・8～5・2kg
【成分】固形分中脂肪50％以上／水分42～35％
【特徴】スイスの山のチーズ。もともと山小屋でチーズの切り口を暖炉にかざし、溶けてきたチーズを削りとって（Racler：ラクレ）食べたことから名づけられた。軽いウォッシュの香りとナッツのような深いコクがある。加熱し溶かしてゆでたじゃがいもと一緒に食べるのが一般的。
「ラクレット」とはチーズ名でもあり、料理名でもある。フランス産のものもあり、スイス産のものより風味が穏やかでマイルド。スイスは独自の認証システムをとっている。

【おいしい食べ方】焼けたところをゆでたじゃがいもと一緒に。

⒃8 リヴァロ（Livarot）☆

【分類】ウォッシュ

【原産国／乳種】フランス／牛

【熟成期間】（グランリヴァロ、リヴァロ）最低35日間、（プティリヴァロ）最低21日間

【形状・重量】円盤形、（グランリヴァロ）1・2～1・5kg、（リヴァロ）450～500g、（3／4リヴァロ）330～350g、（プティリヴァロ）200～270g

日本には、主にプティリヴァロが輸入されている。

【成分】固形分中脂肪40％以上／水分38～43％

【特徴】ノルマンディ地方を代表するウォッシュタイプのチーズの一つ。チーズの側面には型崩れ防止のため、5本のレーシュ（葦《あし》の一種）で巻かれている。軍服の袖口の装飾のモールに似ていることから、コロネル（大佐）の愛称で呼ばれることも。時代の流れでこのレーシュはメーカーにより3～5本になっていて、小型のものは紙テープが主流で装飾的な要素で使われている。同じ地方のウォッシュタイプ・ポンレヴェックに比べると匂いも味も個性が強い。

【おいしい食べ方】食事の終わりに。コクのある赤ワインと。

⒃9 リダー（Ridder）

【分類】ウォッシュ

【原産国／乳種】ノルウェー／牛

【熟成期間】2カ月以上

【形状・重量】円盤形、1・5kg
【成分】固形分中脂肪60％／水分36〜39％
【特徴】きめが細かくしっとりして食べやすい、ノルウェーを代表するチーズ。ウォッシュタイプ独特の匂いはほとんどなく、塩味も少なくまろやか。セミハードタイプに分類されることもある。
【おいしい食べ方】テーブルチーズとして。葉野菜やきゅうりなどのサラダや、サンドイッチに。

(70) ロックフォール（Roquefort）☆

【分類】青かび
【原産国／乳種】フランス／めん羊（羊）
【熟成期間】最低90日
【形状・重量】円筒形、2・5〜3kg
【成分】固形分中脂肪52％以上／水分45〜50％
【特徴】2000年以上も歴史があり、フランスブルーチーズの最古といわれている。「チーズの王様」と称される。羊飼いが洞窟にパンと羊乳チーズを置き忘れ、後日かびが生え偶然にできたという逸話がある。ロックフォール・シュル・スールゾン村の石灰岩の洞窟で熟成され、自然に吹き込む湿った空気が重要な役割を果たす。ピリッとしたシャープさのなかに豊かな旨みとコクがある。きめの細かい組織となめらかさには気品さえ感じられるブルーチーズの傑作品。世界三大ブルーチーズの一つといわれている。
【おいしい食べ方】テーブルチーズとして。くるみやレーズンの入ったパンやパンドカンパーニュと。洋梨と一緒に。ステーキのソース代わりに。ソーテルヌ（貴腐ワイン）やポートワイン、重厚な赤ワインと。

第4章

チーズの製造方法

ナチュラルチーズのつくり方については、第2章4「チーズづくりの概略」で解説したが、ここでは、いくつかの代表的なナチュラルチーズを選んで、各論的に説明する。最初に、図表4―1のように各種チーズのできるまでをフローチャートにした。

1 ナチュラルチーズのつくり方（酸凝固の場合）

ナチュラルチーズのうち、酸でカゼインを凝固させる場合の製法を図表4―2に示す。

⑴ 乳の調整（標準化）

主に牛の乳を原料とするが、その脱脂乳または脂肪調整乳を殺菌し（72～75℃以下、15秒以上保持）冷却する（22～28℃）。

⑵ 乳の凝固

所定の温度に冷却した乳に、乳酸菌スターターを加え、レンネットを加えるか加えないかで、一定時間静置して凝固させる。これは、酸によるカゼイン凝集作用によるものだが、カードのでき具合や歩留の面から一般的には多少のレンネットを添加して、ある程度の酵素凝固を付加する。

この静置時間はスターターの添加率や温度によって、長くする「ロングセット法」と短くする「ショートセット法」がある。凝固状態は水素イオン濃度（pH値）で判定する。すなわち、酸凝固

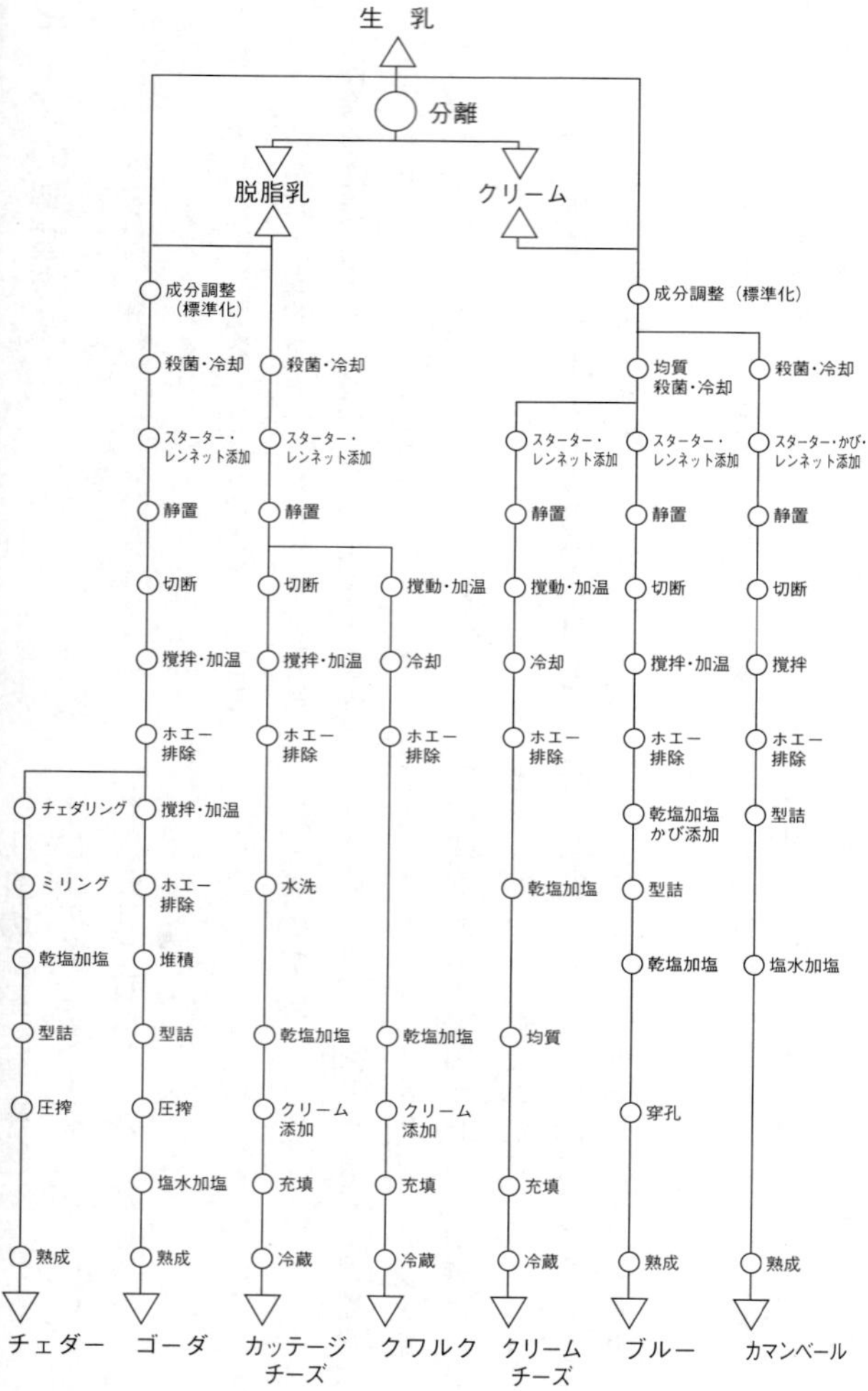

図表４－１　いろいろなチーズのできるまで

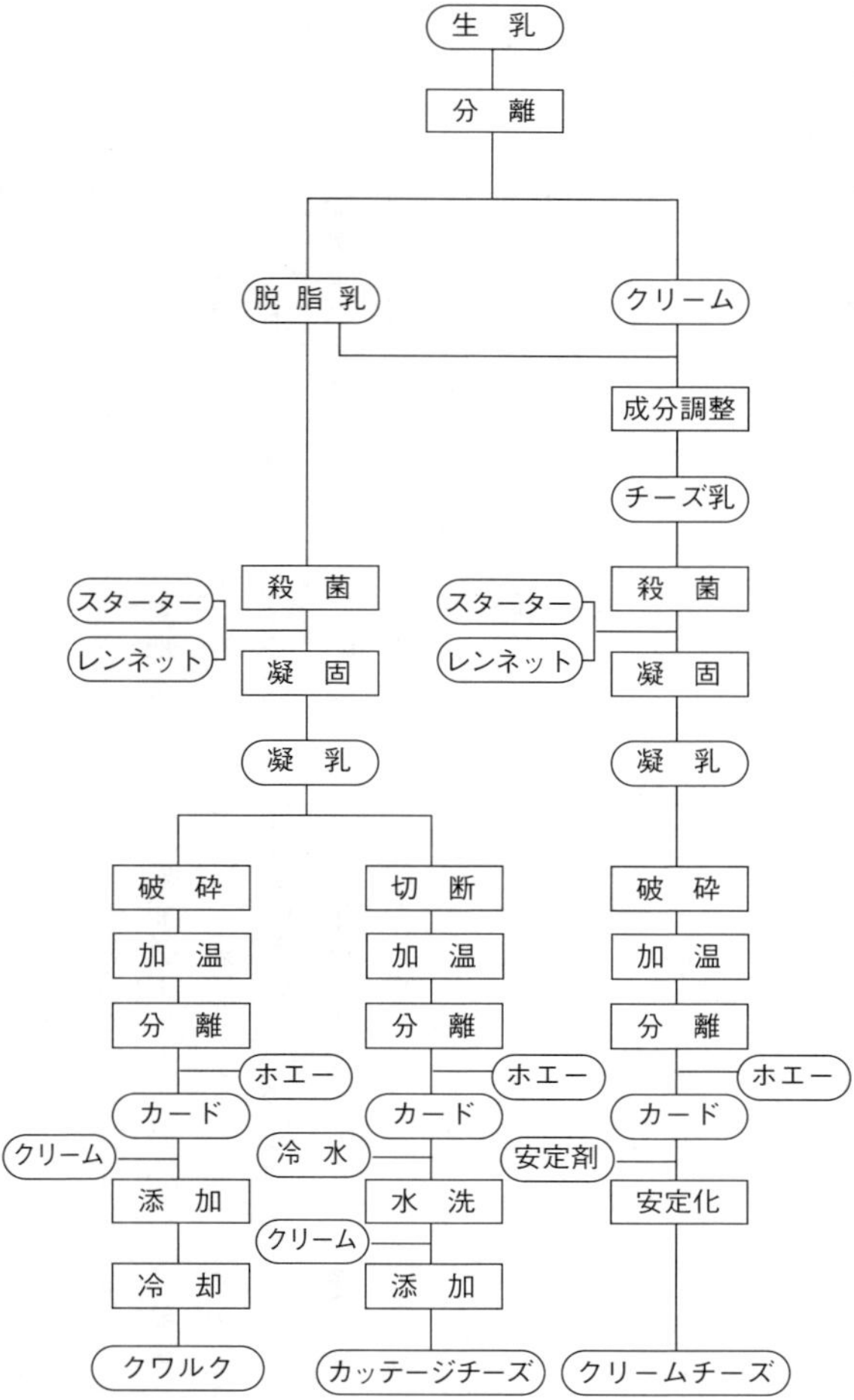

図表4－2　酸凝固によるチーズのできるまで

の場合、最適時期pHは、4・6〜4・8となる。

(3) カード形成とホエー分離

凝乳がpH4・6〜4・8に達したことを確認して、カード（カゼイン凝集物）とホエー（乳清＝乳糖を主成分とする液体）とに分ける工程に移るわけだが、大きなタンク（またはバット）のなかの凝乳は、そのままではホエーが分離しにくいので、細かく切断（小豆大から大豆大のカード粒の大きさ）、または破砕することにより、凝乳全体の表面積を大きくして、カードからホエーがより排出しやすいようにする。

この時点ではまだ非常に柔らかいので（絹ごし豆腐よりやや柔らかく、くずれやすい）、しばらく放置してホエーを自然排出させる。カードが幾分固さを増したことを確認した後、さらに、カードからのホエー排出を促進させるために、最初はできるだけ静かにカードをほぐすように撹拌し、一様にほぐれたことを確認して、加温工程（「クッキング」）に移る。

この加温工程から最終製品の種類によって、あるいは、種類によってはつくる規模によって、手作業で行う場合と機械的な場合とでは、おのずとつくる条件は異なってくる。そこで、いくつかの代表的な種類を例にして、説明を続ける。

① カッテージチーズ

カッテージチーズをつくる場合の加温は、直接熱湯を注加する場合と、間接的にジャケット加温する場合があり、これらのどちらか、または併用して行う。このとき、加温の初期段階で急激に加温すると、カード粒子の表面だけが先に固くなり、カードからホエーが出にくくなるので注意する。できるだけゆるやかに加温し、カード粒子から均一にホエーが排出して、平均した固さを得ることが大切である（たとえば加温速度は5～10分間に1℃の上昇）。

この過程での撹拌はできるだけ静かに、カード粒子を壊さないようにすることである。また、このような条件での加温は、10～15℃は必要となる。この時点でのカード粒子の固さは、カードが落ちず、指でつかんで容易に壊れない程度にする。第一段階の加温で一様の固さを得たことを確認して、より撹拌を早め、加温速度を上げて（3～5分間に1℃の上昇）カードからのホエー排出を促進させ、50～60℃を目標とする。

カードのでき具合は、カード粒子を冷水で冷やして指で軽く押さえても容易に壊れない状態（弾力性が出ている）で判定する。カードが適当な固さになったら、ただちにホエーを排除し、できるだけ分離する。その後、カードの酸味調整、収縮および冷却のために冷水に混ぜ、5～10℃まで下げて十分に水切りを行う。このまま製品にする場合や、クリームをまぶして、あるいはそれぞれ果肉などの添加物を混合して製品にする場合がある。

② クワルク

カッテージチーズは粒状に仕上げるが、クワルクはペースト状につくることから、凝乳を切断するのではなく、砕いて均一にしてしまう。そこで、小規模の場合は凝乳を砕いて、静かに撹拌しながら40℃くらいまで揚温した後、微細なカードが流出しない程度の網目布（寒冷紗など）にカードを詰めて懸垂する。ホエーが自然流下しなくなったら、ある程度絞って冷蔵室のなかで重しをかけ、カードの冷却をかねてホエーを分離する。

大規模生産の場合、製造の流れは連続的になる。凝乳を破砕した後、カードとホエーが分離しやすいように熱交換機で揚温する。分離には専用の「カードセパレーター」(クワルクセパレーター)を使用し、その排出操作により適正なカードを得る。この後は、カッテージチーズと同様にクリームや果肉を添加する。

③ クリームチーズ

クリームチーズのカード形成、およびホエー分離の仕方は、理論的にはほとんどクワルクと同じである。カードセパレーターには、原料乳の脂肪率が高いため、クリームチーズ専用のものがある。

(4) 製品化

前述したそれぞれのチーズについて、最終製品は一般的に次のようにしてつくる。

① カッテージチーズ

できあがったカードをそのまま、またはクリームを混合して製品にしたり、風味物(たとえばオレンジやパインなどの果肉)を混ぜたりして風味の調和をはかる。

標準成分は、水分78・5%、乳糖1・1%、脂肪4・5%、灰分1・4%、たんぱく質14・5%である。

② クワルク

できたカードをそのまま、またはクリームを混合して製品にしたり、風味物(たとえばオレンジ、パインなどの果肉)を混ぜて風味づけする。クワルクはカッテージチーズよりさわやかな酸味を感じる。

成分的には非常に似ていて、標準成分としては、水分78・5%、乳糖3・5%、脂肪9・0%、灰分0・5%、たんぱく質8・5%となっている。

③ クリームチーズ

できあがったカードはそのまま、またはフルーツ果肉や香辛料などを入れて製品にするが、最近、市場に出ているものは脂肪安定化のため安定剤（天然ガム）を加え、かつ、保存性を高めるために加熱殺菌されているのが一般的である。

標準成分は、水分53・0％、乳糖2・9％、脂肪33・5％、灰分1・1％、たんぱく質9・5％である。

2 ナチュラルチーズのつくり方（酵素凝固の場合）

ナチュラルチーズのうち、酵素でカゼインを凝固させる場合の製法を図表4—3に示す。酵素凝固によるチーズのつくり方は大別して塩水加塩のゴーダと乾塩加塩のチェダーに分けられ、その他のチーズは基本原理として、大きく異なるところはない。

(1) 乳の調整

主に牛の乳を原料とするが、酪農場で搾乳された生乳は、チーズをつくる前に乳質検査を行って合格したものだけを使用する。乳質検査のうち、必須事項は、風味・アルコール凝固性・抗生物質・細菌数・脂肪率である。

チーズをつくるのに問題のない乳質であることを確認したら、乳中の脂肪含有量がチーズ品質の特徴をつくり出す大きな要因の一つであるので、チーズの品種に合わせて乳中の脂肪含有量を調整する。脂肪を調整するにはいくつかの方法がある。

・乳中の脂肪百分率（％）のみを一定化
・乳中のカゼイン対脂肪の比率を一定にしてカゼイン百分率に比例して脂肪百分率を調整
・乳中の無脂固形対脂肪の比率を一定にして無脂固形百分率に比例して脂肪百分率を調整

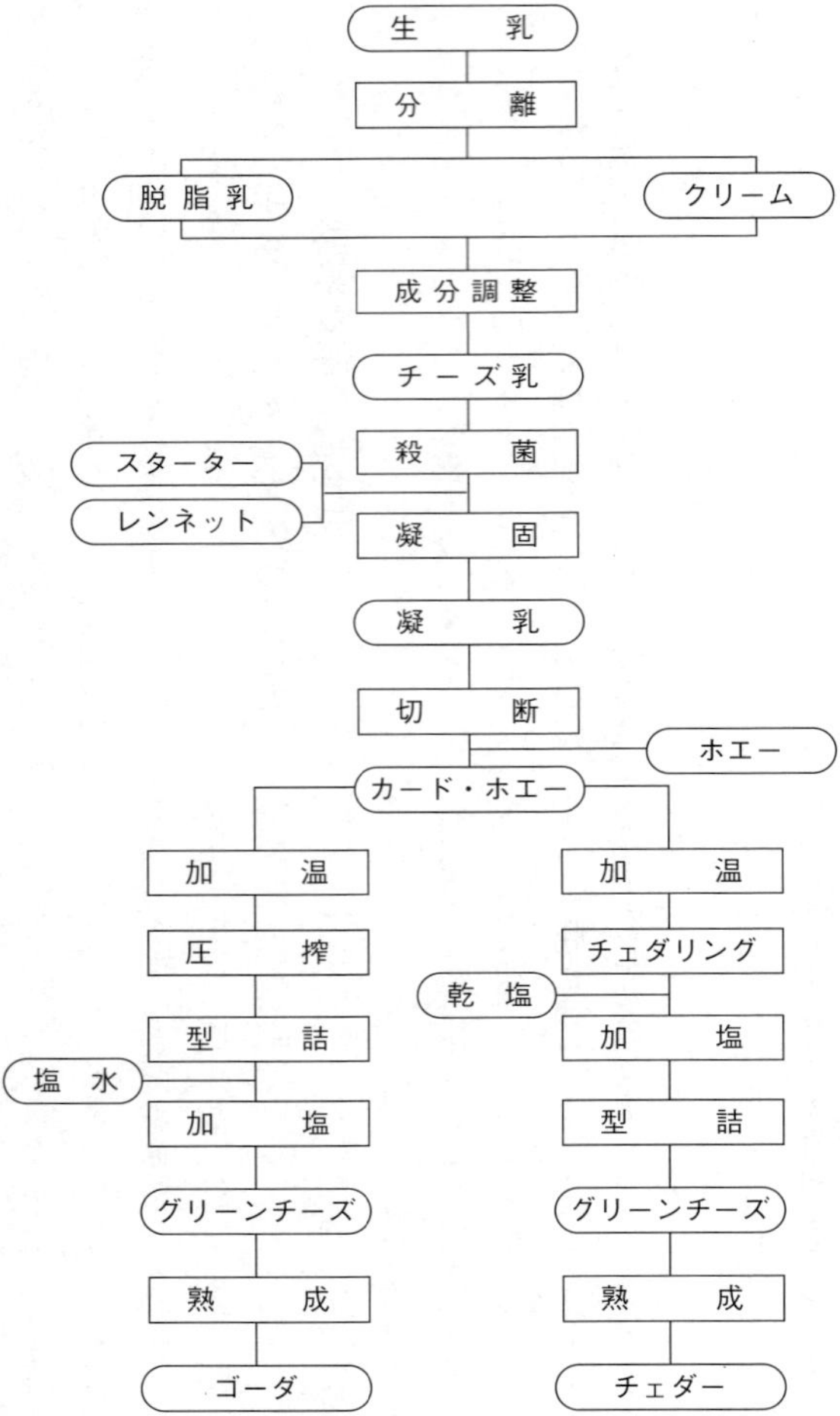

図表４－３　酵素凝固によるチーズのつくり方

これらのいずれかの方法を使って脂肪調整した後、チーズづくりに不用で有害な細菌を殺菌し、スターター乳酸菌が十分に繁殖して酸生成しレンネット凝固に最適な温度に冷却する。

殺菌温度は65℃30分保持から75℃15秒保持の範囲とする。75℃以上に上げると、乳清たんぱく質の熱変性が始まり、カゼインのレンネット凝固を阻害することになる。冷却温度は29～31℃とする。

(2) 乳の凝固

チーズバット（チーズタンク）に一割程度の冷却した牛乳が入ったとき、所定量の乳酸菌スターターを添加し、いっぱいになるまでに酸生成を期待する。この場合、乳中の酸度が5～10％高まること（たとえば0・14％→0・15％）を目標とする。酸度を確認した時点で、ゆるやかに撹拌しながらレンネットを添加する。

乳酸菌は次のような種類がある。

・球菌……クレモリス菌（*Lact. lactis subsp. Cremoris*）、ラクティス菌（*Lact. lactis subsp. Lactis*）、サーモフィラス菌（*St. salivarius subsp. Thermophilus*）

・桿菌……ブルガリア菌（*Lb. delbrueckii subsp. Bulgaricus*）、クレモリス菌（*Leu. nesenteroi des subsp. Cremoris*）

これらの乳酸菌を単一で、または混合菌として使用する。

乳酸菌スターターの添加率は、一般的に0・5～2・0％の範囲とする。

凝乳酸素剤は、古くから使われているものでは、仔牛の第四胃から抽出される酵素、キモシンがもっとも有名だが、1960年頃、チーズの需要増とともに資源不足の傾向が強まり、かび（ムコール属）から抽出される酵素がキモシンに非常によく似た凝乳作用があることが発見され、代替物として実用化されている。

この2つの凝乳酵素剤は根本的に作用機構（活力、凝乳作用、凝乳速度・軌跡、凝固構造、たんぱく分解力）に大きな違いがある。

したがって、これらの添加率は一定の凝乳時間目標に対し、それぞれの活力（力価）によって決まる。

1995年頃には、微生物の遺伝子組み換え技術により、天然のキモシンと同じ特性をもつ凝乳酵素が開発され、すでに欧米諸国では使用されている（商品名：マキシレン、カイマックス）。

その他の添加物として、以下のものがある。

・塩化カルシウム……カゼインの酵素凝固に必要なカルシウムイオンを補う場合がある
・硝酸カリウム……酪酸菌の発育を抑制
・かびスターター……かび熟成チーズのうち、白かびチーズは凝固前にかびスターターを乳中に加えることがある
・カラー……チーズ色沢の季節的な差をカラー（アナトー）を使って補うことがある

レンネットが乳全体に分散した頃を見計って、撹拌を止めて乳を静置する。この場合、撹拌による乳の動きが、できるだけ早く止まるように心がける必

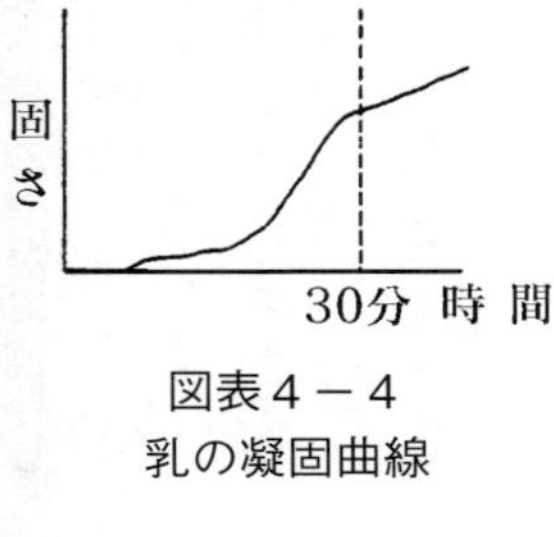

図表4－4
乳の凝固曲線

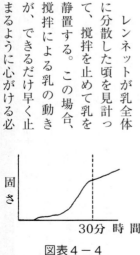

要がある。いわゆる、酵素のカゼイン凝集現象が始まる頃に、乳全体が完全に静止していないと、初めからホエーと分離した状態でカゼインが凝固し、正常なカード形成が行われないからである。カゼインの凝固する時間は30～40分を標準的な目標とする（図表4―4）。

(3) カード形成とホエー分離、加塩

チーズバット内の凝乳はカードとホエーに分離するが、その切断に最適な凝固点を物理化学的に計る以外に、単純な方法がある。人指し指を凝乳のなかに挿入して少し盛り上げ、その部分を親指で軽くついたとき、凝乳が裂け、その割れ目から澄んだホエーがにじみ出てくる状態をもって、凝乳の最適切断時期と判定できる。

この凝乳の切断工程あたりから、チーズの種類により、それぞれに特有な方法が用いられる。いくつかの代表的なチーズについて説明する。

① ゴーダ

酵素の働きにより乳中のカゼインを凝固させてカードをつくり、塩水加塩法により、塩分を含ませるつくり方の代表例がゴーダである（図表4―5）。ゴーダの品質特性を図表4―6に示す。

凝乳の固さ、いわゆる切断時期の判定はほとんどの種類に共通しており、前述のように凝乳上層部に割れ目を入れたとき、澄んだホエーがにじみ出てくることを確認して切断する。カード粒子の大きさは、大豆から小豆大がよいとされる。凝乳状態の良悪や切断時期の適否は、切断直後のカード粒子の表面状態やホエーの清濁状態により判断できる。

すなわち、カード粒子の表面に光沢があればそれだけホエーは澄んでいることになり、反面、光

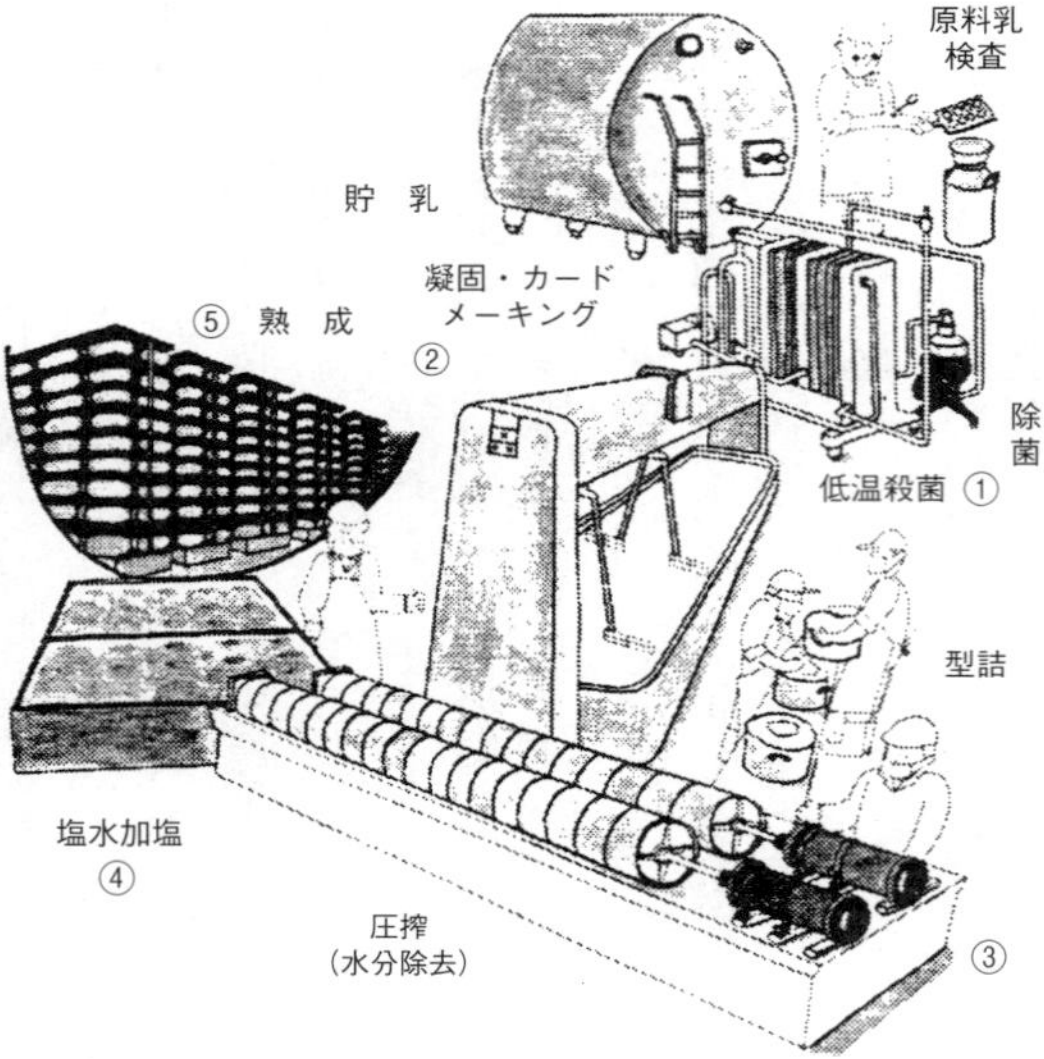

①殺菌した牛乳に乳酸菌とレンネット（仔牛の胃から分泌するキモシン酵素）を加え、一定温度（30〜32℃）におくと牛乳が固まってくる。この牛乳の固まったものを凝乳という。
②凝乳を切断（カードという）し、攪拌しながら温度を上げるとカードは収縮し、カード中の水分が排出されて弾力のある粒になる。
③カード粒を布で包んで型に詰め、圧搾機にかけてホエー（水分）をしぼり出す。
④適度の塩味をつけ、雑菌の繁殖を抑制するため、食塩水に漬ける（2〜3日間）。
⑤温度11〜13℃、湿度85％くらいの部屋で4〜6カ月熟成させる。

図表4－5　ナチュラルチーズのつくり方
（リンデッドゴーダの場合）

図表4－6　ゴーダの品質特性

（単位：%）

	水分	固形分中脂肪	風味
リンデット	36～39	48～50	ナッティ
リンドレス	39～42	48～50	マイルド

沢がなければカードそのものにもろさがあり、切断による微細カードの発生からホエーに濁りが生じる。このようなことから、凝乳の切断はチーズづくりの重要なポイントの一つなのである。

凝乳切断後はカード粒子がだんご状になるのを避けるため、静かにやさしく撹拌する。ほぼ均一にほぐれたら、カードからのホエー排出を早めるために配乳量の2分の1から3分の1のホエー量を排除し、加温工程（クッキング）に移る。この加温の方法はそれぞれチーズの特徴をつくり上げる決め手の一つであり、熟成後のチーズ品質に微妙な影響を与える。

ここで、それぞれのカード粒子の表面を固くしてしまわないことに注意する。理由は、カードからホエーが排出しにくくなるからである。加温温度は一般に38～40℃までで、その後は、適正なカードの固さが得られるまで撹拌を続ける。

カードの仕上がりはカードの大きさ、目標とする水分、あるいはチーズの種類などにより異なるが、その締まり具合により判定する。一般的にはカードを手の平にのせて握りしめ、数秒後に開いたとき、カード粒子がくっつかないでほぐれるような状態をいう。

以上のように、この時点まではカードの固さが一様になるまでホエーのなかで行われるが、この後はカードを集め、圧搾などの手段（機械的に）により、なおもカードから流出するホエーとカード粒子間のホエーを排出させてカードとホエーを分離する。同時に、カードの接着によって大きなカードマスをつくり上げる。次に、集積したカードマスを所定の大きさに切断し、そのカードブロック型（モールド）に詰めて圧搾し、カードの接着とホエー分離を完了させる。

ゴーダのリンデットタイプはディスク型で、熟成後の重さは10kg前後、直径は約35cm、厚さ10～12cm。このとき急激に圧搾せず、徐々に圧力を上げるようにした方がよい。なぜならば、カード間のホエーや空気が出にくくなってしまうからである。一方、リンドレスタイプは、角型で重さ10～15kgである。

圧搾終了後は、成形されたカードのかたまり（一般に「グリーンチーズ」と呼ぶ）をモールドから取り出し、チーズ表面をなめらかに仕上げた後（または突起部分を取り除いた後）、飽和食塩水（「ブライン」という）に2～3日間浸す。いわゆる、日本の漬け物と同じ理屈で、チーズ中の水分とブライン中の塩分とが浸透圧の関係で入れ換わって、塩分がチーズのなかに浸透し、熟成中にチーズの芯部まで徐々に分散していくのである。

② チェダー

凝乳の切断からカード形成、仕上げまでは基本的にはほとんど変わりないが、加温の条件とホエー分離開始時のカードのpHがゴーダとはやや違う。

目標のカード品質を得たら、カードを堆積して自然的に、また、特定の装置を使ってホエーを分離する。引き続いて、そのまま放置するか特定の装置を用いて、カードとホエーの分離を促進し、チェダー特有の繊維状のカード組織をつくり上げる（この工程を「チェダリング」という）。

ここでできたカードマスを、裁断機で約1×1×5cm角棒に切って直接食塩を振りかけ、混ぜて裁断したカードに均一にまぶす。このカードを型に詰めて圧搾し、カードの接着とホエー分離を完了させ成形する。

チェダーのリンデットタイプは円筒型で直径35cm、高さ30cmで、熟成後の重さは約25～30kgとなる。チェダーはプロセスチーズ工業の発展とともに、原料としてもっとも多く使われるようになった。原価低減の面からリンドレス化がもっとも早くから進められ、今では大部分が20kg角型のリンドレスタイプとなっている。リンデットものは、わずかに農場チーズとして細々とつくられているにすぎない。

チーズづくりのうち、乾塩加塩方式は工程の連続化への可能性を秘めていたが、長年の研究の成果として、1960年頃に連続式ホエー分離装置が開発され、さらに、工程中でもっとも仕事量の大きいカードの型詰と圧搾の連続装置（カードマス形成）が1980年頃に登場し、バッチ式から連続式へ一新することになった。

したがって、カードづくりはバッチ方式だが、連続装置の登場により後のカード処理からカードマス形成までは連続的に行われるようになった。

連続式ホエー分離装置はアルフォマティック、連続式カード圧搾装置はブロックフォーマーとなっている。

③ ブルー

ブルーは一般に最終製品の水分が高いことから、ゴーダやチェダーとはカードづくりが異なる。

しかし、世界の三大ブルーチーズ（ロックフォール〈仏、羊乳を原料とするもの、牛乳原料はブリュ・Bleu という〉ゴルゴンゾーラ（伊）、スティルトン（英））のうち、イギリス産のスティルトンは、ほかのものに比べると水分が低くカードづくりはチェダーに似ている。

凝乳の切断は大豆からそら豆大で、加温もやや低めに抑えることが大切である。

したがって、カードの固さはゴーダやチェダーよりは柔らかめに仕上げる。この後、ホエーと分離したカードを直接型に詰め成形する。

ブルーがほかのチーズと大きく違う点は、かび熟成タイプのチーズなのでかびの添加が必要だということである。しかも、内部熟成タイプであることから、ホエー分離後型詰前のカードに散布する。

また、ブルーというのは青かび（Roqueforti）を使用し熟成させるチーズの総称で、多くの種類がある。先のカードづくりはロックフォールタイプで、地方によって、また、国によってそれぞれ独特なつくり方や品質をもっている。

ブルーの加塩は、ほかのチーズと違って円筒型に成形したチーズ（直径15㎝、高さ10㎝）を棚の上にのせ、食塩を振りかけ内部に浸透させる。塩分含有が非常に高いこともブルーの特徴である。加塩の後、熟成過程に移る前に、好気性かびが繁殖しやすいように孔（2～3㎜径の数十本の孔）を空けて内部に隙間をつくる（これを「穿孔」という）。

④ パルミジャーノ・レッジャーノ

超硬質チーズの代表的なもので、水分含有率が低く脂肪も比較的低いのが特徴。この特徴を得るためには、カードづくりの条件が大きなポイントになる。すなわち、乳中の固形分中脂肪が比較的低いため、少しでもカード粒子からホエーが排出しやすいように凝乳をやや細かめに切る（米粒から小豆大）。加温は少々時間をかけて高めに設定する。したがって、スターターの乳酸菌は高温性の桿菌や球菌を使わなければならない。その結果、カードの締まり具合は弾力性のあるゴム状のものになる。

適正な固さになったカードは直接型に詰めて圧

搾し、カードを接着させると同時に、ホエーを完全に分離する。成形されたチーズは塩水（ブライン）に漬けるが、この形が大きいだけに（直径35～45cm、高さ18～24cm、重さ24～40kgの太鼓型）、塩水に漬ける時間は3～4週間と長く、一般的にチーズ1kgに対して一日の塩漬けが必要と伝統的にいわれていた。しかし、1980年頃から塩分を1.5％前後抑えるようになっている。

(4) 熟　成

チーズを大別すると熟成させるタイプと熟成させないタイプがあるが、乳の酵素凝固により、カードづくりするチーズは大部分が前者に類別される。チーズの熟成とは、ある一定の温度と湿度に調節された部屋のなかに放置し、ある期間内に、乳酸菌の細胞内酵素や凝乳酵素の働きで、チーズ内のたんぱく質や脂肪が風味成分のアミノ酸や脂肪酸に分解され、それらと塩分が適度に調和して、それぞれチーズ独特の品質をつくり上げることをいう。

① チーズの熟度指標

ナチュラルチーズ中の窒素の形態はチーズの熟成とともに変化し、生成された可溶性窒素はチーズの熟成が進むにつれて増加する。この可溶性窒素の全窒素に対する割合で表される数値がチーズの熟成度合を示す指標として用いられ、この数値が大きいほどチーズの熟成が進んでいることを示す。熟度指標を求める計算式は、次のとおり。

熟度指標（％）＝（可溶性窒素／全窒素）×100

熟度指標が25％以下のチーズまたは25％以下となるように調整したチーズを用いることにより、

プロセスライスチーズに良好な糸引き性を付与することができる。

チーズの熟成の程度を示す熟度指標（%）は、ナチュラルチーズ製造直後で6～7%程度であるが、熟成が進むにつれて上昇し、チーズの熟成とともに増加する（熟成0カ月：6～7%、熟成5カ月：30%）

②リンドレスチーズとリンデットチーズ

熟成して風味づけするタイプでハード系のチーズは、ほとんど、それぞれのチーズの内部よりも硬い表皮（リンド）があるのが普通だったが、チーズの消費増加や包装技術の進歩にともない、塩漬けや成形の後に空気遮断性のよいフィルムで真空包装して熟成させる技術が1960年頃に開発され、主にハード系の細菌熟成タイプのチーズに普及した。プロセスチーズやシュレッドチーズなどの原料としては、このタイプのチーズが使われている。

フィルムで真空包装して熟成させるチーズは、従来のような硬い表皮ができないので「リンドレスチーズ」といい、従来のリンドのあるチーズはリンドレスチーズに対する類別上の名称として、「リンデットチーズ」という。

〔リンドレスチーズ〕

現在、リンドレス化がもっとも進んでいるチーズはチェダーである。次にゴーダ、エダム、サムソー、マリボーなどがあげられる。リンドレス化によって、伝統的なチーズの形にはあまりこだわらず、主に角型に移行するようになった。

リンドレスチーズの特性について述べておく。

・加塩、成形後、プラスチックフィルムで真空包装、段ボール詰め

・熟成過程は温度管理だけで、チーズは直接パレッ

ト、またはすのこの上に積み上げ
・熟成過程のチーズの手入れは不要
・熟成室のスペース、空間はリンデットタイプより少なくて済む
・形が角型であれば、丸型より輸送効率がよい
・熟成後、実際使用する場合、手間がかからない（チーズ表皮を洗ったり削ったりすることが不要）ため、歩留がよい
・リンデットタイプに比べると、熟成過程の水分蒸発がないため、製品としての水分含有が高く味はより淡白で、ボディは柔らかい

〔リンデットチーズ〕

リンデットチーズの熟成について、代表的なチーズを例にして述べる。
・細菌熟成タイプ……ゴーダ、チェダー、パルメザン（パルミジャーノ・レッジャーノ）など

熟成室は、温度が10～13℃、湿度は85％前後で、適度な空気の流れが必要。加塩・成形を終えたチーズは棚の上にのせ、初期の段階は水分を十分に含んでいて表面にかびが生えやすいので、頻繁に（たとえば、1日に1～2回）反転してチーズ表面の乾燥をよくし、硬い表面をつくることに心がける。

この表皮はチーズ内部を保護する役目があり、表皮ができてからの反転の回数は少なくてよい（たとえば、表皮の乾き具合によって3～7日に1回）。手入れの間に、乳成分のたんぱく質と脂肪が酵素分解し、チーズ特有の風味をつくり上げる。

熟成期間は、ゴーダ3～4カ月、エダム3～4カ月、チェダー5～6カ月、パルミジャーノ・レッジャーノ18～24カ月である。一定の熟成条件で、これ以上熟成が進むと酵素分解作用が続くかぎり味は次第に濃厚になり、組織はなめらかさがなく

図表4−7　主なチーズの食べ頃（かび熟成タイプ）

	食べ頃	風味	組織	外観
白かびタイプ（カマンベール）	製造後4週間	上品でマイルド、クリーミーでやや刺激的	柔らかでなめらかな組織	白かびがチーズ表面全体に、わた毛のように生えている
青かびタイプ（ロックフォール）	製造後13〜15週間	刺すような強烈な味、塩辛さ	クリーミー、切断面は青かびの筋模様	内部に大理石のような筋模様
ウォッシュタイプ（リンバーガー）	製造後1〜3カ月	表面は強烈な刺激臭、味は中身の臭いほどはない	なめらかで、小さな不定形の孔が散在	外部はスライムにより赤褐色

なってもろくなる。水分の蒸発も少しずつ進行するので、味そのものが濃縮されることにもなる。

このようなことから、国外で消費されるものは、適度に熟成した段階でチーズ表面全体にワックスを塗るか、フィルム包装してかび発生を抑えると同時に、水分蒸発を止めることが必要になる。

・かび熟成タイプ……ブルー、カマンベール

熟成室の条件は、前述の細菌による熟成の硬質系のチーズと違い、低温高湿の条件を必要とする。たとえば、温度は8〜10℃、湿度は95％以上である。かび熟成によるチーズでは、雑菌に汚染されないようとくに気を配らなければならない。かびそのものが十分に発育できないばかりでなく、風味や組織をつくり上げることを妨げることにもなるからである。

かび熟成タイプのチーズは、細菌熟成タイプのものに比べて、小型でさまざまな形があり、ある種類においては風味や組織のみならず、外観も熟成後の品質を判断する重要なポイントになる。主なチーズの食べ頃の品質を図表4−7に示す。

白かびタイプは、熟成させるチーズのなかでも熟成速度が早いものの一つで、食べ頃を過ぎるとたんぱく質分解が進み、アンモニア臭が強烈にな

る。そして、内部組織（ボディ）はペースト状からドロドロに流れ出るようになり、外観は白い表面に茶褐色の斑点や筋模様ができてくる。

青かびタイプは、白かびタイプが外部（表面）から熟成させるタイプであるのに対して、内部から熟成させるタイプであり、熟成が進むにつれて、穿孔によってできた隙間に好気性のかびの繁殖とともに、内部に大理石のような筋模様ができてくる。この青かびの生え具合が種類によって異なり、これがそれぞれの青かびタイプチーズの、とくに味の特徴をつくり上げる。

ウォッシュタイプはリネンス菌群を表面にぬり込んで表面から熟成させる。定期的に表面に生成したスライムという粘着性物を塩水や地酒で洗い、これを幾度か繰り返すことにより、一定した風味をつくり上げるのである。

3 プロセスチーズの歴史と定義

(1) プロセスチーズの誕生

チーズ、いわゆるナチュラルチーズの歴史はかなり古いことは前述したとおりだが、プロセスチーズが意外に新しいことはあまり知られていない。プロセスチーズの研究開発は、1910年頃スイス人によって初めてつくられたといわれている。

この後、幾多の不評を買いながら改良に努め、新しいチーズ商品として本格的に市場に登場したのは、1920年頃だった。当初は、味の面でも組織の面でも満足のいくものではなく、技術の向上と品質の改良によって、今日にいたっている。

プロセスチーズの誕生は、次のような時代の背景があったからといえる。ナチュラルチーズの消費増加とともに、需給バランスの統制が必要となってきたが、ナチュラルチーズは大半が生き物であり、経時的に品質（とくに味や組織）が変化、あるいは劣化することから、それぞれのチーズの熟度を加味した上での需要予測が必要だった。しかし、その枠から外れるものが必ず発生し、それが古熟化してしまい、また、それぞれの熟成（または貯蔵）過程において、異常品質のものが発生してしまっていた。

一方、消費の拡大により品質保持の難しい地方（国）に対しては、それなりの配慮が必要となった。このような状況下において、チーズの熟成を止めること、すなわち、チーズ中の微生物活動を停止することへの研究が進められ、加工技術の検討が始まったのだった。

しかし、それは予想以上に困難をきわめた。なぜならば、チーズのカゼインは酵素凝固によって元に戻らない構造になっており、しかも、脂肪分が適当に網目構造のなかに入り組んでいるため、微生物の活動を停止する目的でチーズをそのまま加熱すると、柔らかくなるが、チーズ中の脂肪が遊離してカゼインはゴム状になり、適当な組織（ボディ）が得られなくなるのである。

そこで、この問題に対して、物理化学的な解決方法の検討がなされた。すなわち、加熱の方法、装置、温度、時間、そして、カゼイン構造の破壊と脂肪の遊離現象を混合均一化する手段としての数多くの乳化剤（溶融塩）の調査研究が行われたが、なかでも乳化剤の選定には、多くの時間と費用と労力を要した。この乳化剤なるものは化学物質で、いろいろな無機塩と有機塩を使用してみたが、乳化不十分、風味への悪影響、組織（ボディ）

への悪影響などの現象を繰り返しながら、最終的には、リン酸塩とクエン酸塩（これらのうちでもとくにナトリウム塩）が残り、今日にいたっている。また、この乳化剤をいかに上手に使うかが大きな課題で、その条件確立のため、試作が繰り返し行われた。

プロセスチーズはこのような開発の歴史をたどりながら、乳化条件の確立によって、製造技術は大きく前進した。そして、プロセスチーズそのものが顧客に認められるようになってさらに技術の幅を拡げ、製品がバラエティー化し、食べる人を大いに楽しませるようになった。わが国のチーズ消費実績を図表4−8に示す。

(2) プロセスチーズの定義

プロセスチーズは英語でProcessed Cheeseとか、Process Cheeseと書き、意味は、加熱加工チーズということである。

乳等命令では、「プロセスチーズ」とは「ナチュラルチーズを粉砕し、加熱溶融し、乳化したものをいう」と定義されている。

標準的なプロセスチーズのつくり方について、要点をとらえると次のようになる。

・原料とするナチュラルチーズは、ハード系のゴーダやチェダーが一般的である。
・一般的には2種以上のチーズを使うので、均一に混合、そして加熱溶融しやすいように粉砕する。
・粉砕したチーズに乳化剤溶液を加え、撹拌しながら蒸気を直接注入して加熱する。
・加熱乳化後ただちに、熱いうちに充填包装する。
・充填包装したものは、できるだけ早く冷却する。

(3) プロセスチーズの分類

プロセスチーズの分類については、あまり紹介されてはいない。最初にプロセスチーズの最終製品の個包装時の冷熱温熱状態から2大別し、次にそれぞれを流通・販売の分野で使われる、商品形態のタイプ別名称を基準に、図表4—9のように分類した。

図表4－8　わが国のチーズ消費量推移

（単位：トン）

	ナチュラルチーズ	プロセスチーズ
1973	9,181	46,452
1975	9,332	54,274
1980	28,059	63,991
1985	45,202	63,808
1990	77,428	75,897
1995	105,410	99,128
2000	142,596	117,045
2005	143,592	118,240
2010	144,883	116,549
2015	192,581	117,838
2020	191,156	143,056
2021	188,350	142,409
2022	181,705	131,049
2023	172,645	121,044

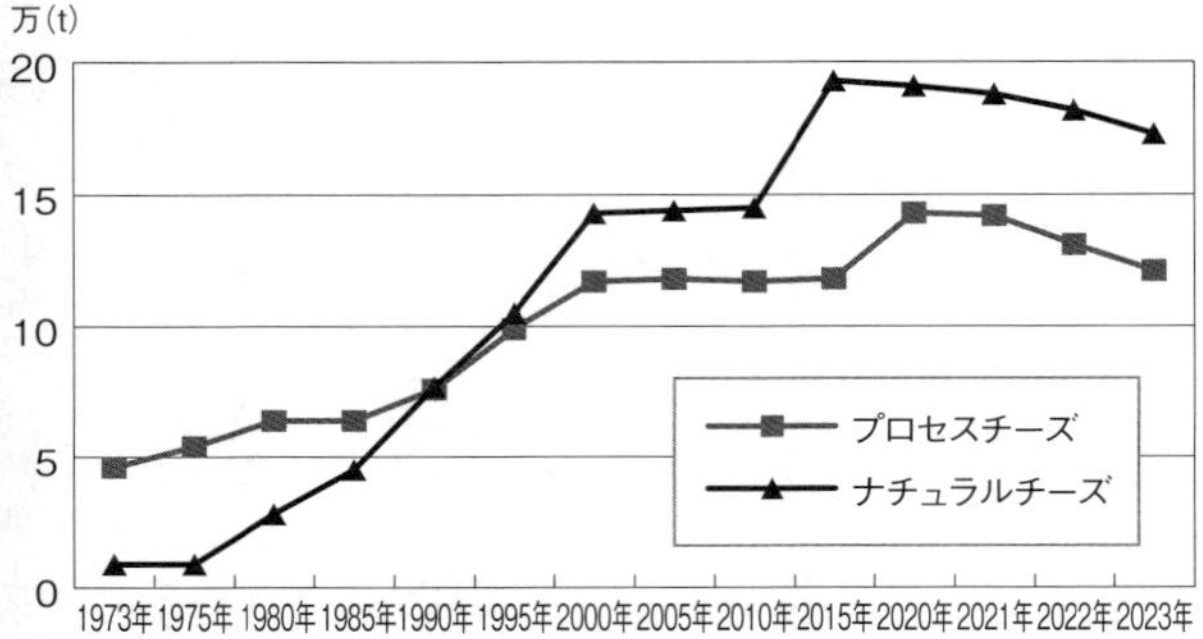

資料：農林水産省

図表4－9　商品形態による分類

タイプ名		商品特性	包装形態
ホットパックチーズ	スライスタイプ	もっとも人気のあるプロセスチーズで非常に用途範囲が広い	筒状にしたプラスチックフィルムにチーズを充填しスライス様に成形し、それらを重ね合わせてナイロンフィルムでガス置換密閉包装したもの
	ポーションタイプ	ロングセールのチーズで小型プロセスチーズの代表格、利便性が人気	アルミニウム箔に密着密閉包装したもの
	スティックタイプ	子ども向けや学校給食用として根強い人気があり、業務用はハイメルトものが大半である	ソーセージと同じように、筒状にしたプラスチックフィルムにチーズを充填し両端をアルミニウム線で結紮したもの
	ブロックタイプ	ポーションタイプと同様、わが国のプロセスチーズ市場形成の立役者である	パラコート（セロハンにワックスをコートしたフィルム）で密着密閉包装したもの
	スプレッドタイプ	1996年ごろに市場に再登場した商品で、"塗るチーズ"として親しまれている	プラスチックやアルミニウムの容器に充填密閉包装したもの
	EMC※タイプ	チーズ中のたんぱく質や脂肪を速醸的に酵素分解、本来のチーズ味の10～20倍の強さにしたものである	プラスチックやアルミニウムの容器に充填密閉包装したもの
	スモークタイプ	保存性と味付けを兼ね備えた古くからあるチーズで、根強い人気がある	ソーセージと同じように、筒状にしたプラスチックフィルムにチーズを充填し両端をアルミニウム線で結紮したもの
コールドパックチーズ	スライスタイプ	乳化チーズを急冷しベルト状にしたものをスライス様にカットしたものと、ブロックものからスライスして造ったものの2タイプある	チーズの間に合紙を挟むか挟まないで幾枚か重ね合わせ、ナイロンフィルムでガス置換密閉包装したもの
	切れてるタイプ	カートンタイプに対するかねてからの顧客ニーズに応えて誕生した（1992年頃）チーズで、売行き好調	乳化チーズを35℃前後に急冷、ノズルから出てきた半固形状のものを一定の厚さに切り重ね合わせてナイロンフィルムでガス置換密閉包装したもの
	キャンディタイプ	商品のバラエティ化として誕生した新しいタイプの小型商品（1980年頃）	一つ一つツイスト包装のあめ玉と同じように、乳化チーズを急冷し半固形状にして丸めたものをツイスト包装しナイロンフィルムでガス置換包装したもの
	ダイスタイプ	150～200℃で形が崩れないものとして業務用ではたいへん人気がある	ナイロンフィルムでガス置換密閉包装、またはナイロン袋に脱酸素剤を入れて密閉包装したもの
	スティックタイプ	150～200℃で形が崩れないものとして、ダイスタイプと同じように業務筋では人気がある	ホットパックのスティックタイプと同じか、フィルムをはずしたものをまとめてナイロン袋で脱酸素剤入り密閉包装したもの
	パウダータイプ	乳化チーズをブロックにし粉末にして流動乾燥したものと、乳化チーズを噴霧乾燥したものがある	ナイロン袋で脱酸素剤入り密閉包装したもの

※ EMC：Enzyme Modified Cheese

4　プロセスチーズのつくり方

プロセスチーズの標準的なつくり方は図表4—10のとおりだが、つくり方を説明する前に、つくるにあたっての、必要条件をあげる。

・生産規模（生産量、生産品目）
・原料チーズの選択とその貯蔵
・乳化条件—乳化装置、乳化剤の選定とその添加量、乳化温度と時間、その他の条件
・充填方法およびその装置
・包装仕様—形状、包材の選定、密封性の確保
・充填包装室の環境整備
・製品庫
・製造ラインの合理的な構成

(1) 原料チーズの選択と貯蔵

生産する品目によって原料チーズの選択は制限されることもあるが、一般的にはチェダー、ゴーダ、エダム、サムソー、マリボー、クリームチーズなどのナチュラルチーズが使われる。

目標とする製品の味や組織によって、それらの原料チーズの配合が異なってくるが、それぞれの原料チーズの熟成度合でこれを常に一定した熟度のチーズを揃えておくことは非常に難しく、若いものと古いものとの組み合わせということも、配合の要因として常に考える必要がある。

原料チーズの品質（とくに風味、組織）はプロセスチーズ製品の品質を左右する大きな要因となるので、原料チーズの品種、熟度、あるいは、それらの配合割合などはとくに厳しく管理しなければならない。すなわち、製品の味や組織は原料チー

ズの種類と熟度、乳化条件と乳化機の種類によって異なる。製品の水分や脂肪率は原料チーズの種類や乳化条件により、pHはチーズの種類や乳化剤の種類（または組み合わせ）により決まる。

チーズは生き物で、経時的に品質が変化、または劣化することから、できるだけ低温での貯蔵が必要となる。貯蔵期間が短い場合（2カ月以下）は5℃前後、長くなる場合（2カ月超）はそれ以下の管理が大切である。

チーズの表面がかびや酵

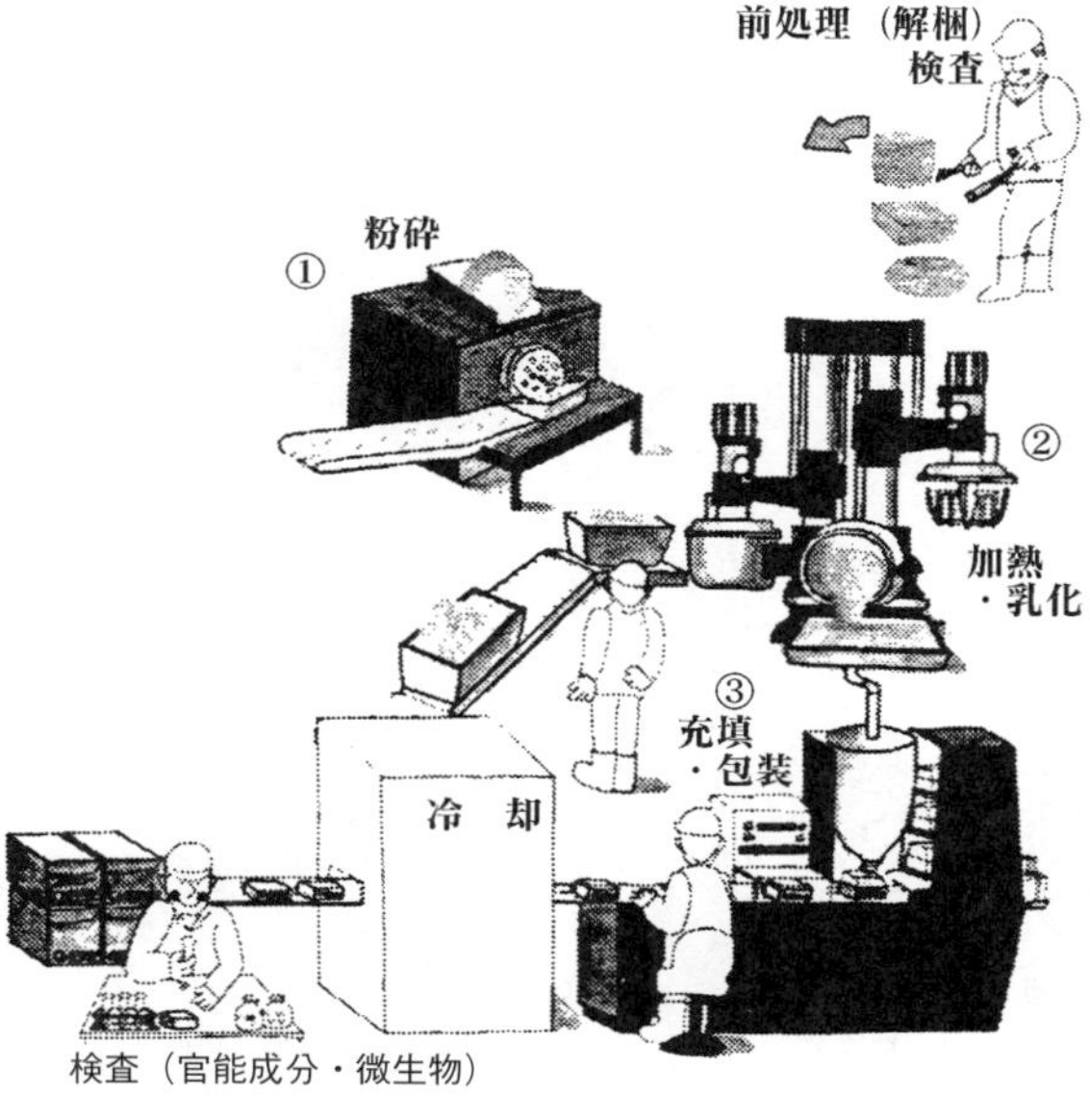

① 主にハード系のナチュラルチーズを砕いて配合する。
② 乳化剤を添加して加熱（75～120℃）撹拌しながら溶融する。
③ 熱いまま型に流しこみ、密封し、冷やして固める。

図表4－10　プロセスチーズのつくり方（標準的なもの）

母におかされれば、それだけ損耗が多くなり、しかも、風味への影響を及ぼす。また、有害菌や雑菌が優勢になれば異常風味となる。それゆえ、品質の劣化が進んで異常風味になったものや、熟成が進んで濃厚な風味になったものは、最終製品に影響しない程度に少量ずつ混合するとか真空条件がとれる乳化装置で処理し、ときには、廃棄せざるを得ない。

このように、貯蔵中のチーズ品質の変化や劣化の影響を最小限にとどめるために、原料チーズの配合は少なくとも2種以上（たとえばゴーダとチェダー）、どうしても1品種になる場合は、熟度の違う2種以上(たとえば若いものと古いもの)が必要となる。また、一般的に特殊な製品以外、風味の強いナチュラルチーズ（たとえば、ブルー、リンバーガー、フェタ、パルメザンなど）は目的を明確にして使う方がよい。

(2) 原料チーズの処理・粉砕

原料チーズの形態は一般的に角形か丸型で、重量は5～40kgの範囲までさまざまである。タイプもリンデットとリンドレスがあるが、大半がリンドレスタイプであり、とくにチェダーは100%リンドレス化し、角形で20kgものが各国共通しているようである。

リンドレスタイプが登場するまでは、原料チーズの表面処理に手間がかかり、それなりに損耗も多く、また、表皮を削ったとしても、外部と内部の硬さが違うので、表面の硬い部分に合わせた粉砕の仕方が必要だった。一方、リンドレスタイプはフィルム包装が十分であれば、かびの発生がなく、フィルムを取り除くだけで100%チーズを使うことができ、固さは一様なので、比較的簡単な粉砕装置で十分である。

このように、リンドレスタイプは多くの面で経済的であることが立証され、広く使われるようになった。よく使われる粉砕機の一例としては、ローラー（リンデット用）、ダラインダー（併用）、シュレッダー（リンドレス用）、チョッパー（併用）がある。

(3) チーズの乳化

チーズの乳化条件として、乳化剤を添加して撹拌し、チーズと乳化剤を均一に混合するときの温度と時間の相互関係がともなわなければならない。したがって、乳化方法およびその装置は、大量生産にはオーストラリアのゴールド・ペッグ社の連続式ロタサームが実用化されているが、中小規模生産にはバッチ式が大部分となっている。チーズの乳化技術がバッチ式の範囲を脱することができないのは、原料チーズ品質の一定化が難しいこと、チーズの乳化機構が非常に複雑であることなどの理由からである。

チーズ乳化の研究には、多くの時間と費用がついやされたことは前述したとおりだが、プロセスチーズに使われるチーズは、主にゴーダやチェダーなど酵素によるカゼイン凝固からつくられたチーズで、元の形には戻らない組織構造（乳には戻らない）になっていることから、チーズの乳化には、ある外的作用を加えて、カゼインの網目構造を破壊しなければならない。

すなわち、リン酸塩やクエン酸塩を添加して、カゼイン凝固に介在したカルシウムイオン（Ca^+）を乳化剤のナトリウムイオン（Na^+）と交換して、カゼインが鎖状につながっているものを分断し、加温した状態で十分な撹拌効果を与えれば、脂肪とたんぱく質は均一に混合され、流動性のあるゾル化の状態になる。

乳化条件の一例としては、80～85℃で5～10分間、常圧または真空圧で乳化剤添加率3～4％となる。この条件は使用する乳化機の機能、使用原料チーズの品質、目標とする製品品質などによって違う。

主な乳化機としては、クッカー（ダムロー社）、ケトル（クストナー社）、コンビカット（ステファン社）、サーモシリンダー（岩井機械）などがある。

クッカーは撹拌速度が低く、コンビカットは撹拌機の回転数が高いので、せん断効果をかねているといったことから、それぞれでき上がりの品質が違う。そこで、目標とする製品品質により、乳化機を使い分けなければならない。すなわち、コンビカットはせん断効果があることから、クッカーでつくるよりも、ち密な組織になる。

乳化チーズの良し悪しは、乳化終了後に乳化機のふたを開けたときのにおい、乳化機から流し込むときのチーズの流動性、充填時のたれ切れの状態などで判定する。

(4) 乳化チーズの充填・包装および冷却

乳化したチーズは生産、または工場の規模によって充填機へ送る手段は、生産性の面から異なる。乳化したチーズの温度は80℃前後で流動状だが、温度降下が早く、すぐ固形化し始めるので、できるだけ早く充填することを配慮しなければならない。

小規模ラインの場合は乳化チーズをバケットに

あけ、これを四輪車で運ぶのがもっとも経済的である。また、大規模の場合は階上より直接落下するかポンプでパイプ内を圧送する方法が経済的で、しかも、安全衛生面からもよりよい方法であるといえる。ただし、後者の場合、パイプを長くしたり、高くしないことが必要である。つまり、乳化したチーズを充填するまでに時間がかかりすぎると、チーズの温度が下がりすぎ、流動性がなくなり、充填しづらくなることがある。とにかく、乳化チーズはまだ熱いうちに、充填し密封してしまうことが基本的条件となっている。

プロセスチーズは原料チーズの配合、風味物の添加、乳化条件によって味の特徴が出るが、充填の条件・方法によって、大きさ、形状（形態）をいろいろと変えられる。したがって、充填・包装においてもう一つの重要な条件は、チーズに直接する個包装材料の選定である。良質な包装材料としての条件は次のとおりである。

- 衛生的であること（微生物的、化学的）
- 異物の付着がないこと
- 折り込みやすく、それによって包材そのものが損傷を受けないこと
- 密封が可能であること
- 空気との遮断（バリア性）に優れていること

これらの条件を満たす包材を、製品の形状やデザインに合わせて選定設計する。この場合、包材の基材となるもの、バリア性を高くするもの、そして密封効果のあるものを構造的に、それぞれ組み合わせを考える。現在、使われている主な基材としては、セロハン、アルミニウム、ポリエステル、ポリエチレンなどがある。

図表4－11　プロセスチーズの包装形態

	包材	充填包装機
ブロックタイプ	セロハンフィルム、カートン	パルマ社
ポーションタイプ	アルミ箔、カートン	クストナー社、サファル社
スライスタイプ	ポリエステルフィルム、ナイロンフィルム	グリーンベイマシナリー（GBM）社、クストナー社、ウィンクレル社

チーズの包装形態としては、ブロックタイプ、ポーションタイプ、スライスタイプ、ソーセージタイプ、キャンディタイプなどに分類される。

また、乳化チーズの品質、包装材料、あるいは包装形態に多くの種類があるように、それぞれの製品特性に合った充填包装機がある（図表4―11）。

プロセスチーズは、それぞれの成形されたフィルムのなかに熱く、まだ流動状になっているうちに充填し密封するので、チーズそのものはフィルムに密着した状態になる。包装材料、包装形態によって違うが、通常プロセスチーズは個包装のままかカートンに詰めた状態で低温の空気や水のなかを通して、できるだけチーズの温度を下げる。一般に、乳化チーズの充填時の温度は80℃前後なので、できるだけ早く冷却することが必要となる。これは、良い品質のプロセスチーズをつくる条件の一つとなっている。

以上のようにホットパックが一般的だが、充填直包装する前に高速冷却成形する方法が、1975年頃開発され実用化された。いわゆる新しいコールドパックである。能力は1分当たり800～1000枚となっている。

(5) チーズの箱詰・貯蔵

販売の最小単位として包装されたチーズは、製品として市場に出荷するためには、一定個数をまとめて箱詰し、所定の検査に合格しなければならない。検査の結果が出るまで5～10℃の貯蔵庫に保管する。この箱詰はいわゆる外包装で、包装材料としては大部分が段ボールで、人手で詰める場合と、機械（ラップラウンドケーサー）で自動的に包装する場合がある。手詰めに使用される段ボールは、側面になる陵の部分が糊付されて供給され、自動詰の場合はシート状で供給される。

(6) チーズの規格・検査

プロセスチーズの品質は「乳及び乳製品の成分規格等に関する命令」において、乳固形分40％以上、かつ大腸菌群が陰性であることが定められている（食品衛生法のなかで、プロセスチーズの乳固形分とは、乳脂肪と乳たんぱく質の値を合計したものと定義づけている）。

企業内においても法的規制を基礎にして、よい品質の製品を生産し、販売できるように、製造工程の品質管理を徹底して社内規格を作成し、検査項目に合格した製品を出荷しなければならない。製品の品質は次のように大別される。

・成分品質……水分、乳脂肪、塩分、pH
・官能品質……風味、組織、色沢など
・微生物品質……大腸菌群、一般細菌数、黄色ぶどう球菌、リステリア菌など

また、ナチュラルチーズに対する法規上の規制については、第5章を参考のこと。

第5章 チーズに関する法規上の諸規制および輸入貿易関連諸制度

1 法規上の規格基準および表示規制

(1) 酪農製品と乳製品の違い

酪農製品とは、総務省統計局が作成した『日本標準商品分類中の中分類「畜産加工食品」の小分類に定義された次のものをいう。

① 液状のミルク・クリーム
② 練乳及び濃縮乳
③ 粉乳
④ はっ酵乳及び乳酸菌飲料
⑤ バター
⑥ チーズ及びカード
⑦ アイスクリーム類
⑧ 乳糖、カゼイン及び調製品
⑨ その他の酪農製品

この分類は、統計資料作成時、計量法、JAS法に使用されている。

乳製品とは、乳等命令上に定義された、乳及び乳製品をいう。

(2) 食品衛生法

乳及び乳製品の成分規格等に関する命令(乳等命令)

別表二　乳等の成分規格並びに製造、調理及び保存の方法の基準(関連部分のみ)

(三) 乳製品の成分規格並びに製造及び保存の方法の基準
(4) ナチュラルチーズ(ソフト及びセミハードのものに限る。)
リステリア・モノサイトゲネス(1g当たり)100以下
ただし、容器包装に入れた後、加熱殺菌したもの又は飲食に供する際に加熱するものは、この限りでない
(5) プロセスチーズ
成分規格
乳固形分40・0%以上
大腸菌群陰性
(七) 乳等の成分規格の試験法
(5) プロセスチーズ及び濃縮ホエイ
1 乳固形分の定量法
次の方法により求めた乳脂肪量と乳蛋白質量との和を乳固形分とする。

2002(平成14)年8月28日付の「乳及び乳製品の規格基準」の改正に関する薬事・食品衛生審議会食品衛生分科会報告によると、「生乳を使用してナチュラルチーズを製造する場合は、その製造工程中において、生乳を63度で30分間加熱殺菌することが望まれるが、二次汚染の問題もあることから、HACCPの考え方にもとづく総合的な衛生対策が必要である。なお、リステリア菌汚染の問題となるナチュラルチーズについては、これまでと同様に製品での検査などにより安全性を確認するとともに、未殺菌乳を使用したチーズの規格基準の設定に当たっては、多種多様な製品があることから製造方法ごとの組成、水分活性、pH、熟成条件などによる病原菌の挙動などに関するデータを蓄積し、引き続き検討すべきである」ということであった。

2024（令和6）年4月より食品衛生基準行政が消費者庁に移管され、乳等省令は乳等命令に名称変更された。

(3) 食品表示基準

食品表示法に定められている食品表示基準では、種類別名称などの一括表示を行うこととなっている。関連法規として、景品表示法（チーズ類の公正競争規約）、計量法、資源有効利用促進法などがある。

① 食品表示法

食品の表示に関する制度の一元化に向けて、2009年9月1日に消費者庁が発足した。2015年4月1日には食品表示法および食品表示基準が施行され、従来の58の基準が食品表示基準に統合され、栄養成分表示が義務づけられた。

表示例は下記のとおり。

- 法規上必要な義務表示事項だけを、原則として枠取りして表示すること。それ以外の任意表示事項（商品名、販売業者、注意事項、その他の情報）はすべて枠外に記載すること。
- 「種類別」名称は太字（ゴシック体）で14ポイント以上に。その他の事項は細字（明朝体）で8ポイント以上に。
- 「原材料名」として、原材料と食品添加物は区別して（／）、それぞれまとめて使用量の多いものの順から表示すること。
- 「賞味期限」は、製造後、ある一定の保存方法のもとで、その製品の官能的品質に変化がみら

種類別	ナチュラルチーズ
原材料名	生乳、食塩
内容量	1 kg
賞味期限	2004・12・31
保存方法	要冷蔵（10℃以下）

れない、また、微生物的品質が変化しない期間を基準にして、その1／2から2／3の期間をもってその製品の期限日付を設定する。

・従来の「保存上の注意」――5℃前後に冷蔵してください――は不適切である。したがって、表示例のように「保存方法」――要冷蔵（10℃以下）――が適切である。

・製造業者の名称と所在地を表示するとき、冠する文字は「製造者」でよい。

② 不当景品類及び不当表示防止法（景品表示法）

ナチュラルチーズ、プロセスチーズ及びチーズフードの表示に関する公正競争規約

（チーズ類の公正競争規約および施行規則ならびにQ＆A集）

これらの内容については、チーズ公正取引協議会のホームページを見ていただきたい。また、チーズ類の定義については、図表5―1を参照。

③ 計量法

特定商品の販売に係る計量に関する政令

商品内容量の賞味重量の表示について、従来は上限も下限も規制されていたが、1995（平成7）年11月に計量法が改正され、上限の規制がなくなり下限のみの規制になった。チーズ類の規制内容は図表5―2のとおり。

④ 資源の有効な利用の促進に関する法律

（資源有効利用促進法）

1991（平成3）年制定の再生資源利用促進法の整備法として、資源有効利用促進法が制定、2001（平成13）年4月より施行された。これにより、プラスチックと紙製容器包装の識別表示（表示マークの印刷）が義務づけられた。

(4) その他の法規制

① 農林物質の規格化及び品質表示の適正化に関する法律（ＪＡＳ法）

② 健康増進法

2002（平成14）年12月、法律の名称が「栄養改善法」から「健康増進法」に改められた。

2 日本におけるチーズの法規上規制の変遷

(1) 関連法規の制定

① 食品衛生法

（1947年12月24日）制定

（1948年7月13日）施行規則の制定

② 乳及び乳製品の成分規格等に関する省令

（1951年12月27日）制定

（1952年1月1日）施行

③ ナチュラルチーズ、プロセスチーズ及びチーズフードの表示に関する公正競争規約

（1971年4月9日）公正取引委員会による制定

（1971年7月）公正取引委員会による施行規則の制定

(2) チーズの表示

① 「プロセスチーズ」の種類別名称表示

（1969年10月6日）義務化及び成分規格の設定（乳等省令の改正公布）

（1970年4月1日）同（乳等省令の改正施行）

② チーズの表示に関する公正競争規約

図表５－１　チーズ類の定義（チーズ類の公正競争規約）

<table>
<tr><th colspan="2">種類別または名称</th><th>定　　義</th></tr>
<tr><td rowspan="2">チーズ</td><td>「種類別」ナチュラルチーズ</td><td>この規約で「ナチュラルチーズ」とは、食品衛生法（昭和 22 年法律 233 号）に基づく乳及び乳製品の成分規格等に関する命令（昭和 26 年厚生省令第 52 号。以下「乳等命令」という。）第２条第 17 項に規定する「ナチュラルチーズ」をいう。この命令において、「ナチュラルチーズ」とは、次のものをいう。

(1) 乳、バターミルク（バターを製造する際に生じた脂肪粒以外の部分をいう。以下同じ。）、クリーム又はこれらを混合したもののほとんどすべて又は一部のたんぱく質を酵素その他の凝固剤により凝固させた凝乳から乳清の一部を除去したもの又はこれらを熟成したもの。
(2) 前号に掲げるもののほか、乳等を原料として、たんぱく質の凝固作用を含む製造技術を用いて製造したものであって、同号に掲げるものと同様の化学的、物理的及び官能的特性を有するもの。
成分規格　ナチュラルチーズ（ソフト及びセミハードのものに限る。）
リステリア・モノサイトゲネス 100 個／ g 以下

なお、当該「ナチュラルチーズ」には、香り及び味を付与する目的で、乳に由来しない風味物質を添加することができるものとする。</td></tr>
<tr><td>「種類別」プロセスチーズ</td><td>この規約で「プロセスチーズ」とは、乳等命令第２条第 18 項に規定する「プロセスチーズ」であって、乳等命令別表二（三）（4）の成分規格に合致するものをいう。この命令において、「プロセスチーズ」とは、次のものをいう。

ナチュラルチーズを粉砕し、加熱溶解し、乳化したもの。
成分規格　乳固形分：40.0％以上、大腸菌群：陰性

なお、当該「プロセスチーズ」には、次に掲げるものを添加することができるものとする。
① 食品衛生法で認められている添加物
② 脂肪量調整のためのクリーム、バター及びバターオイル
③ 味、香り、栄養成分、機能性及び物性を付与する目的の食品（添加量は製品の固形分重量の１／６以内とする。ただし、前②以外の「乳等」の添加量は製品中の乳糖含量が 5％を超えない範囲とする。）</td></tr>
</table>

図表５－２　商品表示重量の規制内容

正味重量（内容量）	下限許容範囲
5g 以上 50g 以下	4％
50g 超 100g 以下	2g
100g 超 500g 以下	2％
500g 超 1kg 以下	10g
1kg 超 25kg 以下	1％

（1971年4月9日）公取委、ナチュラルチーズ、プロセスチーズ及びチーズフードの表示に関する公正競争規約の制定

（1971年7月）同、施行規則の制定

（1971年10月9日）ナチュラルチーズ、プロセスチーズ及びチーズフードの表示に関する公正競争規約及び施行規則の施行

〔解説〕

不当景品類および不当表示防止法に基づき、一般消費者の適正な商品選択の保護と製造販売業の公正な競争の確保を目的として、ナチュラルチーズ、プロセスチーズおよびチーズフードの表示に関する公正競争規約が制定され、この規約のなかでナチュラルチーズ、プロセスチーズおよびチーズフードの規格が制定された。

③「プロセスチーズ」と「ナチュラルチーズ」の種類別名称区別表示

（1971年4月23日）チーズの種類別名称としてのプロセスチーズとナチュラルチーズの区別表示義務化（乳等省令の改正公布）

（1971年6月1日）同（乳等省令の改正施行）

④「標示」から「表示」に

（1973年3月31日）「標示」を「表示」に改めたこと（乳等省令の改正公布）

（1973年3月31日）同（乳等省令の改正施行）

(3) チーズの成分規格（プロセスチーズ）

（1969年9月29日）プロセスチーズの種類別名称表示義務化及び成分規格の設定（乳等省令の改正公布）

（1970年4月1日）同（乳等省令の改正施行）

(4) チーズの定義(1971年)

① チーズの表示に関する公正競争規約

(1971年4月9日)公取委、ナチュラルチーズ、プロセスチーズ及びチーズフードの表示に関する公正競争規約の制定

(1971年7月)公取委、ナチュラルチーズ、プロセスチーズ及びチーズフードの表示に関する公正競争規約施行規則の制定

ナチュラルチーズ、プロセスチーズ及びチーズフードの定義は図表5—1参照。

② ナチュラルチーズとプロセスチーズの定義区分

(1979年4月16日)チーズの定義区分の設定:ナチュラルチーズとプロセスチーズ(乳等省令の改正公布)

(1979年4月16日)同(乳等省令の改正施行)

(1979年12月10日)ナチュラルチーズ及びプロセスチーズの定義見直し(ナチュラルチーズ、プロセスチーズ及びチーズフードの表示に関する公正競争規約の改正公布)

〔解説〕

乳等省令の改正にともない、規約上のナチュラルチーズおよびプロセスチーズの定義は法的に裏づけられることになった。

③ ナチュラルチーズの定義拡大

(1985年7月8日)ナチュラルチーズの定義の変更:定義二の設定(乳等省令の改正公布)

(1985年7月8日)同(乳等省令の改正施行)

(1990年9月6日)同(ナチュラルチーズ、プロセスチーズ及びチーズフードの表示に関する公正競争規約の改正公布)

〔解説〕

1985(昭和60)年7月8日付の厚生省第29

号をもって、乳及び乳製品の成分規格等に関する省令の一部が改正され、ナチュラルチーズは次のように改正された。

〔改正前〕

第2条16　この省令において、「ナチュラルチーズ」とは、次のものをいう。

乳、バターミルク（バターを製造する際に生じた脂肪粒以外の部分をいう。以下同じ。）若しくはクリームを乳酸菌で発酵させ、又は乳、バターミルク若しくはクリームに酵素を加えてできた凝乳から乳清を除去し、固形状にしたもの又はこれらを熟成したもの

〔改正後〕

第2条16　この省令において、「ナチュラルチーズ」とは、次のものをいう。

一　乳、バターミルク（バターを製造する際に生じた脂肪粒以外の部分をいう。以下同じ。）若しくはクリームを乳酸菌で発酵させ、又は乳、バターミルク若しくはクリームに酵素を加えてできた凝乳から乳清を除去し、固形状にしたもの又はこれらを熟成したもの

二　前号に掲げるもののほか、乳、バタークリーム又はクリームを原料として、凝固作用を含む製造技術を用いて製造したものであって、同号に掲げるものと同様の化学的、物理的及び官能的特性を有するもの。

④ナチュラルチーズの定義の一部明確化

ナチュラルチーズの定義は、限外ろ過膜を用い、乳から水、乳糖等を除去濃縮させたものを乳酸菌ではっ酵させ凝固させるといった製造技術の開発を考慮して改めた。搾乳したままのめん羊乳を生めん羊乳とし、乳等省令上の乳の範囲に加えた。

（2002年12月20日）ナチュラルチーズの定

義変更（乳等省令の改正公布）
（2002年12月20日）同（乳等省令の改正施行）

〔解説〕

2002（平成14）年12月20日付の厚生省第164号をもって、乳及び乳製品の成分規格等に関する省令の一部が改正され、ナチュラルチーズは次のように改正された。

〔改正前〕

第2条16　この省令において、「ナチュラルチーズ」とは、次のものをいう。

一　乳、バターミルク（バターを製造する際に生じた脂肪粒以外の部分をいう。以下同じ。）若しくはクリームを乳酸菌で発酵させ、又は乳、バターミルク若しくはクリームに酵素を加えてできた凝乳から乳清を除去し、固形状にしたもの又はこれらを熟成したもの。

二　前号に掲げるもののほか、乳、バタークリーム又はクリームを原料として、凝固作用を含む製造技術を用いて製造したものであって、同号に掲げるものと同様の化学的、物理的及び官能的特性を有するもの。

〔改正後〕

第2条17　この省令において、「ナチュラルチーズ」とは、次のものをいう。

一　乳、バターミルク（バターを製造する際に生じた脂肪粒以外の部分をいう。以下同じ。）クリーム又はこれらを混合したもののほとんどすべて又は一部のたんぱく質を酵素その他の凝固剤により凝固させた凝乳から乳清の一部を除去したもの又はこれらを熟成したもの。

二　前号に掲げるもののほか、乳等を原料として、たんぱく質の凝固作用を含む製造技術を用いて製造したものであって、同号に掲げるものと同様の化学的、物理的及び官能的特性を有するもの。

（２００４年11月26日）乳等省令上のナチュラルチーズの定義の変更にともなう「ナチュラルチーズ、プロセスチーズ及びチーズフードの表示に関する公正競争規約及び同施行規則」の一部改正の告示公布

「(4) チーズの定義」の①で述べたとおり「ナチュラルチーズ、プロセスチーズ及びチーズフードの規格」が定義されていたが、次のように改正された。

〔改正後〕

（定義）

第2条　この規約で「ナチュラルチーズ」とは、食品衛生法（昭和22年法律第２３３号）の規定に基づく乳及び乳製品の成分規格等に関する省令（昭和26年厚生省令第52号。以下「乳等省令」という。）第２条第17項に規定するナチュラルチーズをいう。なお、当該ナチュラルチーズには、香り及び味を付与する目的で、乳に由来しない風味物質を添加することができるものとする。

２　この規約で「プロセスチーズ」とは、乳等省令第２条第18項に規定するプロセスチーズであって、乳等省令別表二（三）（４）の成分規格に合致するものをいう。なお、当該プロセスチーズには、次の各号に掲げものを添加することができるものとする。

(1) 食品衛生法で認められている添加物

(2) 脂肪量の調整のためのクリーム、バター及びバターオイル

(3) 香り、味、栄養成分、機能性及び物性を付与する目的の食品（添加量は製品の固形分重量の１／６以内とする。ただし、前号以外の乳等の添加量は製品中の乳糖含量が５％を超えない範囲とする。）

3　この規約で「チーズフード」とは、食品衛生法第19条第1項の規定に基づく乳及び乳製品並びにこれらを主要原料とする食品の表示の基準に関する内閣府令（平成23年内閣府令第46号）第3条第2項第4号にいう乳又は乳製品を主要原料とする食品であって、一種以上のナチュラルチーズ又はプロセスチーズを粉砕し、混合し、加熱溶融し、乳化してつくられるもので、製品中のチーズ分の重量が51％以上のものをいう。なお、当該チーズフードには、次の各号に掲げるものを添加することができるものとする。

(1) 食品衛生法で認められている添加物

(2) 香り、味、栄養成分、機能性及び物性を付与する目的の食品（添加量は製品の固形分重量の1／6以内とする。）

(3) 乳に由来しない脂肪、たんぱく質又は炭水化物（添加量は製品重量の10％以内とする。）

⑤　生水牛乳が乳等省令上に定義（令和2年6月1日乳等省令公布）

(5)　未殺菌乳からつくられるナチュラルチーズの法令上の取扱い

2000（平成12）年6月に発生した脱脂粉乳等による食中毒事故は、近年、例をみない大規模な事故であり、01年3月に開催された薬事・食品衛生審議会食品衛生分科会食中毒部会において、同様の食中毒事例の再発を防止するため、脱脂粉乳の衛生基準について検討するように提言があった。この審議会では、ナチュラルチーズ製造の際の原料乳の殺菌について討議された。

ナチュラルチーズについては原料乳の加熱殺菌基準がなく、未殺菌乳を使用してつくったチーズにおいてQ熱発生の可能性が示唆されるとともに、リステリア症の原因食品としても危惧されていることから、ナチュラルチーズについても、乳の殺菌基準（保持式：63～65℃、30分間保持、連続式：72℃ 15秒間）の設定について検討した。また、諸外国の実態や文献等による調査結果の情報をもとに議論した結果、未殺菌乳を使用してナチュラルチーズをつくる場合も、その工程中において、生乳を殺菌することが望まれるが、二次汚染の問題もあることから、ＨＡＣＣＰの考え方に基づく総合的な衛生対策が必要であることとした。

また、リステリア菌汚染の問題となるソフトおよびソフトタイプのナチュラルチーズについては、これまでと同様に製品での検査等によりその安全性を確認するとともに、未殺菌乳を使用したナチュラルチーズの規格基準の設定に当たっては、多種多様な種類があることから製造方法ごとの組成、水分活性、pH、熟成条件等による病原菌の挙動等に関するデータを蓄積し、引き続き検討することとした。

なお、この情報は、「食品衛生研究」Vol.53,No.2（2003）」中に、厚生労働省 鶴見和彦氏が解説したものである。

(6) チーズの賞味期限設定の方法

２０１９（令和元）年8月1日から、製造日または加工日の表示から期限（品質保持期限・消費期限）表示に切り替わった。品質保持期限の用語は、07（平成19）年8月17日から、賞味期限に変更された。発酵食品であるチーズの賞味期限の設定については、品質の劣化のみならず、官能的品質（風味〈味と香気〉、組織〈組織と硬さ〉、外観〈表面と断面〉）の変化も考慮しなければならない。

3 輸入貿易諸制度

(1) チーズの関税割当制度

この制度は１９７０年4月に、国産チーズの振興と保護を目的に発足した。この頃の時代は高度経済成長の最中、チーズ消費も急勾配で伸長していた。ちなみに１９７０年度のチーズ消費量は、おそらく4万トン前後と推定される。統計データとしては農林水産省畜産局調べで、１９７３年度から発表されるようになり、この年のチーズ消費量は5万５０６２トン（プロセスチーズ84％）であった。当時の輸入関税率は35％で、この制度の骨子の部分は、「プロセスチーズをつくるとき、国産チーズを使用すれば（自社生産のものでなく他社生産のものでもよい）、その2倍量の輸入チーズは免税になる」というものだった。

しかし、この免税枠は１９９６年度から、２・5倍量に変更された。参考までに、国産チーズを使用して免税枠をもっている場合と輸入チーズ１００％使用で免税枠をもっていない場合との損得比較をしたものが図表5―3となる。

２０１５年1月15日からはオーストラリアのＥＰＡ枠が始まり、３・５倍の免税枠となった。

(2) チーズ関税の均等削減措置

１９９３年12月15日にガットウルグアイラウンドが終結し、１９９５年1月1日のＷＴＯ（世界貿易機関）の発足（ＷＴＯ時代の幕開け）にともない、同年4月1日（１９９５年度）から２０００年度まで、6年間の輸入品関税の均等削減措置が始まった。内容は図表5―4のとおり。

図表5－3　チーズ関税の割当制度のメリット

①　国産チーズ使用の場合の原料費
1×〔国産価格〕＋2.5×〔輸入価格〕×〔為替レート〕×（1＋諸掛）
②　輸入チーズ100%使用の場合の原料費
3.5×〔輸入価格〕×〔為替レート〕×（1＋関税率＋諸掛）

＜事例＞
- ①　＞　②　―――　関割デメリット
  いわゆる国産チーズを使うメリットがない場合。
- ①　＜　②　―――　関割メリット
  いわゆる国産チーズ使用に伴うメリットが発生する場合。
- ①　＝　②　―――　関割並衡
  いわゆる関割の効果が全くない場合。

図表5－4　チーズ関税の均等削減措置

	ピザ用冷凍チーズ	粉チーズ	その他チーズ	プロセスチーズ
基本税率 ↓(削減幅) 最終税率	35.0% ↓（△36%） 22.4%	35.0% ↓（△25%） 26.3%	35.0% ↓（△15%） 29.8%	40.0% ↓(0%) 40.0%
1995年度	35%×(1－0.060) ＝32.9%	35%×(1－0.040) ＝33.6%	35%×(1－0.025) ＝34.1%	40.0%
1996年度	35%×(1－0.120) ＝30.8%	35%×(1－0.083) ＝32.1%	35%×(1－0.050) ＝33.3%	
1997年度	35%×(1－0.180) ＝28.7%	35%×(1－0.123) ＝30.7%	35%×(1－0.075) ＝32.4%	
1998年度	35%×(1－0.024) ＝26.6%	35%×(1－0.166) ＝29.2%	35%×(1－0.100) ＝31.5%	
1999年度	35%×(1－0.030) ＝24.5%	35%×(1－0.206) ＝27.8%	35%×(1－0.125) ＝30.6%	
2000年度	35%×(1－0.036) ＝22.4%	35%×(1－0.250) ＝26.3%	35%×(1－0.150) ＝29.8%	40.0%
2001年度以降据え置き				

注　：2001年度以降は据え置きになっている。

第６章

チーズの栄養と健康

1　チーズの栄養

チーズがわが国の食生活に本格的に仲間入りしたのは、終戦後の１９５５年頃からといっても過言ではない。飽食の時代といわれて久しく、また、高齢化社会を迎え、いつまでも健康な身体を維持していくために、献立にぜひ栄養価の高いチーズを取り入れたいものである。チーズはよく完全栄養食品の一つといわれるが、厳密には必要栄養成分である「食物繊維」と「ビタミンＣ」が含まれていない。したがって、これらの成分を含む食品（野菜、果物、穀物など）と一緒に食べれば栄養成分の摂取は完璧となる。

チーズ中の栄養成分はチーズをつくる原料になる乳中の各成分に由来する。チーズを牛乳からつくるとして、チーズの種類によってさまざまだが、一つの例としてどのくらいの乳量が必要で、また、どの成分がどのくらいチーズに移行するのか、図表６―１にまとめた。

図表６―２は、主なチーズの標準的な栄養成分値を示したものである。また、図表６―３は、ほかの食品と成分の比較をしたものである。ここから、チーズにいかに優れた栄養成分が含まれているか、再認識される。

チーズの栄養面で優れている点は次のことがあげられる。

・たんぱく質と脂質がバランスよく含まれる。
・たんぱく質の吸収率が牛乳よりも高い。

図表6－1　チーズは栄養分の塊

（牛乳 100g 当たり）

	乳成分	移行率	チーズ移行分
水　分	88.25g	4.5%	4.00g
脂　質	3.25g	90.0%	2.92g
たんぱく質	3.25g	80.0%	2.60g
炭水化物	4.50g	5.0%	0.22g
灰　分	0.75g	35.0%	0.26g
計	100.00g	——	10.00g

注　：上表の計算の前提として、牛乳成分の脂肪は 3.25％に調整し、できてくるチーズの水分は 40.0％とした。また、乳中の微量成分値や移行率は灰分にまとめた。

図表6－2　各種チーズの標準成分表

（可食部 100g 当たり）

	カッテージチーズ	クリームチーズ	カマンベール	ブルー	ゴーダ	エダム	チェダー	エメンタール	パルメザン	プロセスチーズ
エネルギー (kcal)	99	313	291	326	356	321	390	398	445	313
水　分 (g)	79.0	55.5	51.8	45.6	40.0	41.0	35.3	33.5	15.4	45.0
たんぱく質 (g)	13.3	8.2	19.1	18.8	25.8	28.9	25.7	27.3	44.0	22.7
脂　質 (g)	4.5	33.0	24.7	29.0	29.0	25.0	33.8	33.6	30.8	26.0
炭水化物 (g)	1.9	2.3	0.9	1.0	1.4	1.4	1.4	1.6	1.9	1.3
灰　分 (g)	1.3	1.0	3.5	5.6	3.8	3.7	3.8	4.0	7.9	5.0
カルシウム (mg)	55	70	460	590	680	660	740	1200	1300	630
リ　ン (mg)	130	85	330	440	490	470	500	720	850	730
ナトリウム (mg)	400	260	800	1500	800	780	800	500	1500	1100
食塩相当量 (g)	1.0	0.7	2.0	3.8	2.0	2.0	2.0	1.3	3.8	2.8

資料：日本食品標準成分表 2023 年版（八訂増補）をもとに作成
注 1：パルメザンの数値は粉末状の小売商品もので、原料ブロック（水分値 30％前後）を粉末状にして、温風乾燥により常温保存・流通を可能にしたもの。
　2：食塩相当量（g）＝ナトリウム量（g）× 2.54

図表6－3　チーズと一般食品との成分比較表

（可食部 100g 当たり）

	プロセスチーズ	豚肉	かつお（生）	鶏卵（生全卵）	納豆
エネルギー（kcal）	339	216	129	162	200
水　分（g）	45.0	66.2	70.4	74.7	59.5
たんぱく質（g）	22.7	17.5	25.8	12.3	16.5
脂　質（g）	26.0	15.1	2.0	11.2	10.0
炭水化物（g）	1.3	0.3	0.4	0.9	9.8
灰　分（g）	5.0	0.9	1.4	0.9	1.9
カルシウム（mg）	630	5	10	55	90
ナトリウム（mg）	1,100	50	44	120	2
ビタミンA（レチノール当量μg）	260	6	20	150	0

資料：日本食品標準成分表 2023 年版（八訂増補）
注　：納豆の炭水化物は糖質 9.8％のほかに、食物繊維 2.3％を含む。

・カルシウムが非常に豊富で、リンとのバランスがよい。
・ビタミンAが非常に豊富である。

このすばらしい食品がわれわれ日本人の食生活に入ってきたのは、1955年頃からだが、チーズ市場が活気づいてきたのは、1965年頃からかもしれない。現在、チーズの消費量20万t時代といわれているが、過去の動向を振り返ってみると、およそ10年単位で倍増しているのである。

しかし、欧米諸国に比べるとまだまだ低いレベルである。この究極の食べ物とあえて言いたい「チーズ」を、もっとたくさん食べるようにしてもらいたいものである。

2 チーズに期待される健康効果

豊富な栄養成分を含む食品としてのチーズは現在、身体への有効性としてさまざまな健康効果が期待されている。

それぞれの機能について以下簡単に説明する。

(1) 骨粗しょう症予防

チーズに含まれるたんぱく質・カゼインは、熟成中、酵素により分解されカゼインホスホペプチド（CPP）が生成される。CPPは、体内でカルシウムの吸収を促進する成分が多く含まれている。

平均寿命が延びている昨今において、骨粗しょう症に悩む高齢者は多い。とくに、女性は閉経後のホルモンバランスの乱れから骨密度が低下するといわれている。若いうちからカルシウム摂取と蓄えを継続するとともに、高齢者の方も意識して摂取する必要がある。

(2) 虫歯予防

チーズには骨や歯を丈夫にするカルシウムが多いとされるだけではなく、虫歯の予防効果もあるといわれている。チーズは、食品の中で科学的に虫歯予防効果がもっとも高いランクに分類されている（WHO・世界保健機関）。

とくに、チェダーやエメンタールなどの硬質（ハードタイプ）に効果の可能性が高い。

(3) 血糖値管理

血糖値管理をする上で、糖質制限や食事の中での食べる順番も見逃せない。チーズに糖質はほとんど含まれていない。チーズは低ＧＩ値食品（血糖値上昇を抑制する食品）である。

普段の食事のメニューの中にチーズを取り入れるのはもちろん、食事の前にチーズを一切れ食べてから食事を摂るようにする、といった工夫で血糖値管理に有効である。

(4) 胃潰瘍原因菌「ピロリ菌」を抑制

北里大学・向井孝夫教授により、青かびタイプのチーズの遊離脂肪酸は、ピロリ菌の増殖阻害活性をもつことが示唆された（(独) 農畜産業振興機構「チーズの新規保健機能」２００８年８月）。

(5) 肥満防止効果

チーズの脂肪分は中鎖脂肪酸なので、食べた後にエネルギーになりやすい。消化・吸収が早く体脂肪として蓄積されにくい、という特徴がある。

(6) 免疫調節・免疫強化

ビタミンAを含む「カロテン」は、体内において胃腸の粘膜を丈夫にし、風邪やウイルスに対して抵抗力をつける働きがあるといわれている。「カロテン」は緑黄色野菜ばかりでなく、チーズにも多く含まれている。

(7) 美肌効果

チーズに含まれるビタミンB2は、肌の皮脂量をコントロールする働きがあるといわれている。

(8) フレイル・サルコペニアの予防

高齢者が体調を崩しやすくなる状態（フレイル）や、高齢者の筋肉量の減少や筋力の低下（サルコペニア）における予防と対策について、たんぱく質・脂質の摂取量が高い人ほどこれらの進行が抑えられる[注1]。チーズはたんぱく質と脂質が豊富な食品であることから、重要なエネルギー源・栄養源となり、日々の食事に取り入れてほしい食材である。とはいうものの、体調と相談しながら「筋肉を動かす運動」を伴うことが前提となる。

注1 小林久峰「サルコペニアとアミノ酸栄養」Food style 21 16（3）42-44（2012）

(9) 認知機能との関連性

日本の高齢女性において、日常的なチーズの摂取、中でもカマンベールチーズ（白かびタイプ）の継続的な摂取が認知機能低下の起こりにくさと関連することが示唆[注2]されている。

注2 Suzuki et al. "Association between the Intake/Type of Cheese and Cognitive Function in Community-Dwelling Older Women in Japan: A Cross-Sectional Cohort Study" Nutrients 16（16）（2024）

昨今の日本人一人当たりのたんぱく質、カルシウム摂取量は、足りていない人の方が多いというデータが出ている。

食事に、おやつに、おつまみに。あらゆるシーンで手軽に取り入れやすい「チーズ」を一切れ加えるだけでも、いろいろな健康効果が期待できる。チーズを「美味しく食べて健康に」

平均寿命は年々伸びているが、健康寿命を伸ばすことを心掛けていきたいものである。

第7章

チーズの需要状況

1　世界のチーズ生産・消費量

国際酪農連盟日本国内委員会（ＪＩＤＦ）のまとめによる世界の生乳生産量は７億５７５０万トン（２０２２年実績）、前年比１００・７％であった。国別の生乳生産量は、１位インド、２位アメリカ、３位中国となっている。

また、世界のチーズ生産量は２３２１万８千トン（２０２２年実績）、前年比１０１・０％で、アメリカが１／４以上の６３７万９千トンを生産しており、続いてドイツ、フランス、イタリアの順になっている。

特筆する点は、中国が15万２千トンと前年比１３６・９％の大幅増となったことで、日本はわずか４万６千トン（前年比１０２％）である。

図表７－１
世界各国の年間チーズ消費量
<2022 年実績>

順位	国　名	年間一人当たり消費量(kg)	年間総消費量(千t)
1	デンマーク	28.3	166
2	フランス	27.4	1,770
3	キプロス	26.3	22
4	エストニア	26.2	35
5	フィンランド	25.2	140
6	ドイツ	24.8	2,067
7	オランダ	24.2	425
8	リトアニア	24.1	66
9	アイスランド	23.8	9
10	スイス	23.3	204
-	日本	2.5	310

資料：JIDF「世界の酪農状況 2023」
日本の消費量は農林水産省「チーズ需給表」（2023 年）、総務省 24 年２月現在人口
注　：すべての種類のチーズ。

図表7―1に世界各国の年間一人当たりのチーズ消費量と年間チーズ総消費量を示す。年間一人当たりのチーズ消費量トップはデンマークの28・3kgで、フランス、キプロス、エストニアの順となっている。

チーズ生産量トップのアメリカは、フレッシュタイプの「カッテージチーズ」が全体の約1割近くを占め、一人当たりの消費量は17・9kgにとどまる。ドイツは同じくフレッシュタイプの「クワルク」が全体の半分近くを占めている。

急激に経済発展をした中国の年間一人当たりの消費量は0・2kgであるが、総消費量は9年間で約6倍(2013年4万9千トン→21年29万トン)に増えている。

2 日本のチーズ需給動向

わが国のチーズ消費量については、農林水産省畜産局牛乳乳製品課調べの「チーズ需給表の推移」から知ることができる(図表7―2参照)。

この集計の仕方は前項の世界の場合と根本的に違うところがある。それは、プロセスチーズ原料用として消費されたナチュラルチーズをプロセスチーズに換算した量と、プロセスチーズ原料用以外に消費されたナチュラルチーズの量(すなわち、ナチュラルチーズとして直接消費された分および「チーズ」以外のチーズフードや乳等を主要原料とする食品に使用された分)との合計量をチーズ総消費量としているところにある。この需給表から、20万トンの大台を突破したのは1995年度

図表7－2　チーズ需要の推移

（単位：t）

項目		年度	1973	1980	1990	1995	2000	2010	2015	2020	2022	2023
ナチュラルチーズ供給量①	国産		8,855	12,353	28,415	30,739	33,669	46,241	45,988	42,364	46,160	45,146
	輸入		41,433	71,205	111,629	154,956	202,297	189,466	248,054	282,494	256,902	243,452
	合計		50,288	83,558	140,044	185,695	235,966	235,708	294,042	324,858	303,062	288,598
チーズ需要量	ナチュラルチーズ直接消費量②	国産	178	2,264	10,170	11,690	14,628	19,856	21,814	47,041	51,118	49,670
		輸入	9,003	25,795	67,258	93,720	131,567	125,027	170,867	21,257	22,879	21,769
		小計	9,181	28,059	77,428	105,410	146,195	144,883	192,681	191,156	181,705	172,645
	プロセスチーズ生産輸入量	国産③	46,040	63,824	73,887	94,737	105,929	107,172	119,606	133,809	122,763	113,773
		輸入	412	167	2,010	4,391	6,868	9,377	8,232	9,247	8,286	7,271
		小計	46,452	63,991	75,897	99,128	112,797	116,549	127,838	143,056	131,049	121,044
	合計		55,633	92,050	153,325	204,538	258,993	261,432	320,519	355,469	335,633	315,458

資料：農林水産省畜産局牛乳乳製品課「チーズ需給表」

注1：ナチュラルチーズ供給量

国産：生産実績、輸入：通関実績

2：チーズ需要量

ナチュラルチーズ消費量：直接消費分とチーズフードならびに乳主原料分

プロセスチーズ生産量（＝消費量）：計算値〔(①－②）× α ＝③〕

α：プロセスチーズを生産する場合に、使用する原料チーズに乗して算出する係数　1973年度：1.12、1980年度：1.15、1983年度以降：1.18

プロセスチーズ輸入量（＝消費量）：通関実績

図表7－3　ナチュラルチーズ生産・輸入・消費推移表

（単位：t）

項目		年度	1975	1980	1990	1995	2000	2010	2015	2020	2022	2023
生産量輸入量	国産		9,658	12,353	28,415	30,739	33,669	46,242	45,988	42,364	46,160	45,146
	輸入		47,898 235	71,205 145	111,629 1,703	154,956 3,721	202,297 5,820	189,466 7,947	248,054 6,976	282,494 7,836	256,902 7,022	243,452 6,162
	合計		57,791	83,703	141,747	189,416	241,786	243,655	301,018	324,858	310,084	294,760
消費量	国産	プロセスチーズ原料用	9,401	10,089	18,245	19,049	19,041	26,385	24,174	21,107	23,281	23,377
		プロセスチーズ原料用以外	257	2,264	10,170	11,690	14,628	19,857	21,814	47,041	51,118	49,670
	輸入	プロセスチーズ原料用	38,823	45,416	44,371	61,236	70,730	64,439	77,187	21,257	22,879	21,769
			235	145	1,703	3,721	5,820	7,947	6,976	7,836	7,022	6,162
		プロセスチーズ原料用以外	9,075	25,795	67,258	93,720	131,567	125,027	170,867	191,156	181,705	172,645
	合計		57,791	83,703	141,747	189,416	241,786	243,655	301,018	355,469	335,633	315,458
	1975年度対比（%）		－	144.8	245.3	327.8	418.4	421.6	486.3	18.8	23.6	24.8
	各5年前年度対比（%）		－	144.8	142.8	133.6	127.6	99.9	－	12.7	14.9	15.3

資料：農林水産省畜産局牛乳乳製品課「チーズ需給表」
注1：生産量＋輸入量＝消費量
　2：生産・輸入量の輸入の欄と消費量の輸入のプロセスチーズ原料用の欄の下段数値は輸入プロセスチーズの数量を係数1.18で除してナチュラルチーズ量に換算したもの。ただし、その係数として1975年度は1.12、1980年度は1.15を採用した。

だが、世界の統計でみると96年度となっている。プロセスチーズに換算する場合、使用したナチュラルチーズ量に係数１・１８を乗じて求めるが、図表7—2のプロセスチーズ生産量をこの係数で除したナチュラルチーズの生産・輸入・消費量推移は図表7—3のとおりである。

さて、わが国のチーズの歴史は生産消費の面からおよそ80～90年といったところである。これまでに多少の増減はあったとしても、常に増え続けてきているといっても過言ではない。

とくに、第二次世界大戦後のチーズ市場の成長はめざましく、１９５０年代の生活の洋風化にともないチーズが食生活に仲間入りし、60年代はチーズの学校給食への採用、70年代の高度経済成長期には安定した成長を遂げ、物量としてこの20年間におよそ倍増した。

80年代に入ってからは、ピザ市場の成長にともなうチーズ消費の拡大により、10年間でおよそ１・５倍増となった。83年に消費量は10万トンを突破した。90年代に入ってからはバブル経済崩壊にもかかわらず、チーズの消費はほぼ毎年増え続け、伸び率で平均５％強、物量では1万トン強で推移した。91年度に15万トンの大台に到達し、96年度には一気に20万トン台を超えた。そして、２０１２年度にはついに30万トンの大台を超えることとなった。

チーズ市場の拡大成長の様子を消費動向に影響する要因を系列的にまとめてみると次のようになる。

〔１９５０年代〕

生活様式の洋風化

〔１９６０年代〕

チーズの学校給食への採用

〔1970年代〕
・海外旅行者の増加にともなう外国のチーズの食シーン体験
・チーズ消費量5万トン突破（73年度）
〔1980年代〕
・宅配市場の形成にともなう宅配ピザの誕生とピザ市場全体の成長
・プロセスチーズとナチュラルチーズの消費量逆転（88年）
〔1990年代〕
・チーズの売店舗数の増加と売場面積の拡大
・チーズの料理素材としての認知拡大
・チーズ専門店の登場（ヴァランセなど）
・活発なチーズ普及啓蒙活動（チーズ&ワインアカデミー東京、チーズフェスタ、各種料理講習会など）
〔2000年代〕
・生食用テーブルチーズ、カット・スライスもの売場面積拡大
・チーズの料理素材としての用途拡大
・チーズ専門店の増加
・チーズ普及啓蒙活動の底辺拡大
〔2010年代〕
・生食用テーブルチーズ、とくに一口サイズものの売り場が形成
・チーズの料理素材としての用途拡大（とくに業務用）
・チーズ普及啓蒙活動の底辺拡大（チーズ1グランプリ）
・全国でチーズ工房が300を超えた
〔2020年代〕
・新型コロナウイルス感染者増による消費量

大幅減
・少子高齢化による消費減退
・ロシアのウクライナ侵攻による影響や円安によるコストアップ等からの値上げ

この飽食の時代で少子化の世の中でも、チーズの人気は高く、チーズは健康によいということ、何よりおいしいことを再認識してもらいたい。そして、チーズの食べる量は前述のように欧米人に比べたらケタ違いに少なく、一人でも多くの人が食べるように、また、少しずつでもいいから毎日食べる習慣を身につけたいものである。

次にチーズ市場を販売流通部門からチーズ売り場の棚割時に使われる分類の仕方（ナチュラルチーズを中心に）で分析した（図表7―4）。

図表7―4からもわかるとおり、ナチュラルチーズとプロセスチーズの消費はおよそ6：4であり、ナチュラルチーズ19万トン強のうち、およそ3分の2がシュレッド・ダイスタイプである。

一方、チーズの供給面に目を向けると、日本のチーズ輸入依存度は非常に高く、全体の80％以上、数量で25万トン近くが欧米およびオセアニア諸国（オーストラリア、ニュージーランド）から輸入されている（図表7―5）。

生産・輸入されるナチュラルチーズの40％強がプロセスチーズに、35％前後がシュレッド・ダイスタイプのチーズに使われることから、基本的に輸入価格の安いオセアニア産のチーズが圧倒的に多く、輸入全体のおよそ2／3を占めている。

日本のチーズ輸入については、チーズ消費の伸長と並行して数量が加速的に伸びてきている。図表7―6に輸入量の多い国別輸入量の推移を示す。

図表7－4　2023年度チーズ市場

（単位：t）

- チーズ　315458
  - ナチュラルチーズ　194414
    - 家庭用　62100
      - シュレッド　40,100（一部PC・乳主原規格も含む）
      - ストリングチーズ　5,300
      - 白カビ系チーズ　5,100（カマンベール、ブリー等、レトルトタイプ以外も含む）
      - フレッシュモッツァレッラ　3,700（フレッシュタイプの水入りのみ）
      - クリームチーズ　3,000（PC規格、乳主原タイプを除く）
      - 粉チーズ　1,800（PC規格を除く）
      - その他　3,100（カット品、スライス、カッテージほか）
    - 業務用　132314
      - シュレッド　74,600（シュレッド、ダイスほか、冷凍・IQFチーズも含む）
      - ブロック　45,600（シュレッド用、クリームチーズほか）
      - パウダー　8,200（パルメザンほか）
      - その他　3,900（小包装タイプほか）
  - プロセスチーズ　121044
    - 家庭用　72300
      - スライス　32,800
      - ベビー　16,600
      - ポーション　9,800（主に丸型6P、その他おつまみ系チーズなども含む）
      - クリームチーズ　4,100（PC規格、乳主原タイプを含む）
      - カルトン　3,300（うち、切れてるタイプ3,000t）
      - キャンディ　1,800
      - スティック　500
      - 粉チーズ　400（PC規格品）
      - その他　3,000
    - 業務用　48744
      - 学校給食　不明
      - 製菓／製パン　不明
      - 外食／ホテル　不明
      - その他　不明

資料：帝飲食糧新聞

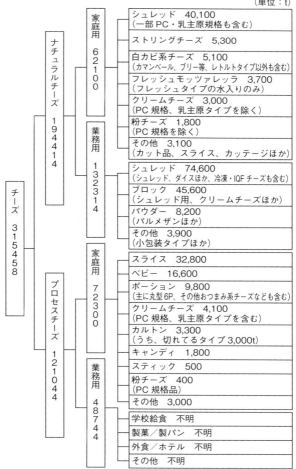

図表7－5　日本のナチュラルチーズ輸入量推移　資料：パラフーズ社（オーストラリア乳業会社）顧問　亀山修一氏提供　（単位：t）

	2001	2005	2010	2015	2020	2021	2022	2023
ニュージーランド	53,302	54,549	51,254	57,074	59,069	59,947	60,025	60,990
オーストラリア	79,875	92,837	84,030	89,344	71,914	61,173	58,891	51,322
アメリカ	3,975	3,544	12,638	36,645	36,202	38,472	41,664	40,235
オランダ	10,014	8,035	6,455	17,569	32,057	33,936	28,504	27,555
ドイツ	11,535	12,626	11,197	12,016	26,318	25,526	20,243	14,707
デンマーク	12,795	8,580	5,541	8,476	14,984	16,398	15,005	13,799
アイルランド	1,112	1,420	2,295	2,859	16,702	16,919	16,015	12,985
イタリア	4,039	5,309	6,220	8,372	9,720	10,455	11,829	11,538
フランス	2,967	2,634	2,506	3,265	4,602	5,075	4,530	4,292
ベルギー	327	2,155	85	1,402	2,819	4,773	4,503	3,451
アルゼンチン	166	2,590	4,248	3,372	3,408	1,848	2,459	1,429
スイス	412	628	606	507	509	610	640	526
イギリス	903	1,127	273	164	427	194	135	248
スペイン	6	9	21	55	106	203	197	196
インド	0	16	30	24	43	43	2	111
ギリシャ	6	7	14	34	80	81	85	88
フィンランド	62	40	60	77	2,127	1,729	91	70
ノルウェー	5,928	3,694	8	9	11	15	26	33
カナダ	4,034	3	377	232	589	187	41	25
ハンガリー	3,055	2,221	0	0	0	0	0	0
その他	326	879	133	150	817	666	835	508
合計	194,839	202,903	187,991	241,646	282,504	278,250	265,720	244,108

第8章 チーズの食べ方・使い方

1 いろいろなチーズ料理

フランス料理のコースのなかでチーズは、料理のしめくくりとして、デザートの始まる前(デザートへのつなぎ)に食べられる。

といっても、チーズは食事の終わりだけでなく、さまざまな料理に利用されている。ここでは、比較的手に入りやすいチーズと食材を使って、簡単に調理できるチーズ料理を和食にとり入れた「乳和食」、おつまみ、サラダ、ドレッシング、ソース、メイン、デザートにわけていくつか紹介する。

(1) 乳和食

モッツァレッラの刺身風

〔使用チーズ〕モッツァレッラ(フレッシュ)

〔調理時間/人数〕1分/2人分

〔材料〕

フレッシュモッツァレッラ……100g

わさび……少々

醤油……適量

きざみ海苔……少々

芽たで……少々

〔作り方〕

① フレッシュモッツァレッラは繊維にそって、ざっくりちぎる。

② 皿に盛りつけ、きざみ海苔をトッピングする。

③ 醤油、わさび、(あれば)芽たでを添える。

リコッタポン酢がけ

〔使用チーズ〕リコッタ
〔調理時間／人数〕10分（ポン酢ゼリー冷却時間、リコッタの水切り時間除く）／3人分
〔材料〕
リコッタ …… 125g
乾燥わかめ …… 1.5g
しその葉 …… 3枚
きゅうり（千切り）…… 1／3本
（ポン酢ゼリー）
ポン酢 …… 25cc
ゼラチン …… 1g
〔作り方〕
① ポン酢ゼリーを作る。ポン酢にゼラチンを振り入れて煮溶かし、冷やし固める。
② リコッタはザルにあけ、30分ほど水気をきる。
③ 乾燥わかめは水で戻して食べやすい大きさに切る。
④ ラップを広げて②を細長く巻き、両端をキャンディのようにねじって形を整える。冷蔵庫で冷やしてから2cmの幅に切る。
⑤ 器にしその葉を敷き、③、きゅうり、④を盛りつけ、①をかける。

クリームチーズ、プロセスチーズのおつまみ

〔使用チーズ〕クリームチーズ、プロセスチーズ
〔調理時間／人数〕5分／各1人分
〔材料〕
(A)プロセスチーズ …… 20g
おかか …… 適量
細ねぎ（小口切り）…… 少々
だし醤油 …… 少々

(B)クリームチーズ……25g
赤しそのふりかけ……少々
しその葉（細切り）……2枚
(C)クリームチーズ……25g
塩こんぶ……2g
ごま油……小さじ1／4

〔作り方〕
(A) プロセスチーズは食べやすい大きさのサイコロ状に切り、おかかをまぶして細ねぎをのせ、だし醤油をかける。
(B) クリームチーズは食べやすい大きさのサイコロ状に切り、赤しそのふりかけとしその葉をまぶす。
(C) クリームチーズは食べやすい大きさのサイコロ状に切り、塩こんぶと和えてごま油をかける。

カマンベールの海苔巻き

〔使用チーズ〕カマンベール
〔調理時間／人数〕3分／2人分
〔材料〕
カマンベール……1／2個
焼き海苔……1／2帖
〔作り方〕
カマンベール、焼き海苔は6等分に切って、海苔でカマンベールを巻く。

酢味噌和え

〔使用チーズ〕ブルー・ドーヴェルニュ
〔調理時間／人数〕10分／2人分
〔材料〕
ブルー・ドーヴェルニュ……5g
乾燥わかめ……1.5g

酢味噌（市販品）…大さじ2
細ねぎ……1/2わ
細ねぎ（小口切り）……適量

〔作り方〕

①乾燥わかめは水で戻して食べやすい大きさに切る。

②ブルー・ドーヴェルニュはフォークの背で崩し、酢味噌を加えて混ぜ合わせる。

③細ねぎは4〜5cmの食べやすい長さに切る。ザルにあけて熱湯をかけ、ふたをして蒸らし、軽く水気をしぼる。

④②に①、③を和え、細ねぎの小口切りをトッピングする。

和風チーズフォンデュ

〔使用チーズ〕ゴーダ

〔調理時間/人数〕12分/3人分

〔材料〕

ゴーダチーズ……200g
コーンスターチ（または片栗粉）……大さじ1
だし汁（かつおだし）……200ml
ブロッコリー、れんこん、うずらの卵、笹かまぼこ、ミニトマト……適量

〔作り方〕

①ブロッコリーは小房に分け、塩（分量外）を入れた湯でややかためにゆでる。れんこんは食べやすい大きさに切って水に数分さらし、酢少々（分量外）を入れた湯でややかためにゆでる。笹かまぼこはひと口大に切る。

②シュレッドチーズにコーンスターチをまぶす。

③小鍋に②を入れだし汁（薄味の澄ましが味の目安）を注ぐ。中火にかけ、木べら等でよく混ぜながら、なめらかになるように煮溶かす。

④具材にからめながら食べる。

(2) おつまみ

チーズカクテル&ナッツ&フルーツ

〔使用チーズ〕コンテ、ミモレット

〔調理時間／人数〕3分／2人分

〔材料〕

ミモレット、コンテ……各10g
ミックスナッツ（食塩不使用）……15g
ドライブルーベリー……5g

〔作り方〕

①ミモレットとコンテは食べやすい大きさのサイコロ状に切る。

②①をミックスナッツ、ドライブルーベリーとともに盛り合わせる。

スタッフド　プルーン

〔使用チーズ〕スティルトン

〔調理時間／人数〕10分／2人分

〔材料〕

スティルトン……20g
くるみ（食塩不使用）……7g
プルーン（種なし）……6個
ピンクペッパー……6粒

〔作り方〕

①くるみは160℃のオーブンで5分空焼きし、粗くきざむ。

②プルーンは真ん中に水平に切り込みを入

れる。

③スティルトンはフォークの背で崩して①を加え、②に挟んでピンクペッパーをあしらう。

クリームチーズDE ディップいろいろ

〔使用チーズ〕クリームチーズ
〔調理時間／人数〕5分／作りやすい分量
〔材料〕
バゲットの薄切り……適量
(A)クリームチーズ……80g
明太子（薄皮を取る）……15g
ホワイトペッパー……少々
(B)クリームチーズ……80g
野沢菜ちりめん（市販品）……10g
(C)クリームチーズ……80g
ハーブ&スパイスミックス入り岩塩
……小さじ1／5
ピンクペッパー……8粒
レモン汁……小さじ1／2
〔作り方〕
①バゲットの薄切りはオーブントースターで軽く焼いておく。
②(A)、(B)、(C)それぞれを混ぜ合わせ、①にのせて食べる。

まるごとチーズ煎餅

〔使用チーズ〕スライスチーズ（プロセス）
〔調理時間／人数〕3分／2人分
〔材料〕
スライスチーズ（プロセス）……2枚
干しえび、黒ごま……少々

〔作り方〕
① スライスチーズ（プロセス）は1／4に切り、干しえび、黒ごまをトッピングする。
② オーブンシートの上にのせ、電子レンジで1分40秒～2分加熱する（機種により調整してください）。
③ 粗熱をとる。

魚介のタルタル
〔使用チーズ〕ミモレット（パウダー）
〔調理時間／人数〕5分／2人分
〔材料〕
ミモレット（パウダー）……大さじ1
（ミモレットのかたまりを粗く削ってもよい）
マグロ・ホタテ・イカ刺身用（合わせて）
……150g
塩・ホワイトペッパー……少々
ディル……適量
(A)オリーブオイル（エキストラバージン）
……大さじ1／2
レモン汁……大さじ1／2
〔作り方〕
① マグロ、ホタテ、イカは8㎜角にきざみ、塩・ホワイトペッパー少々をかけておく。
② ちぎったディルを混ぜ、混ぜ合わせた(A)をかける。
③ 器に盛り、ミモレットとディルを飾る。

イタリアン生春巻き
〔使用チーズ〕モッツァレッラ（フレッシュ）

〔調理時間／人数〕10分／2人分（4本）
〔材料〕
モッツァレッラ（フレッシュ）（拍子切り）
……1／4
生ハム（大判のもの）……2枚
きゅうり……1／8本
パプリカ（赤）……1／8個
生春巻きの皮（大）……4枚
フリルレタス……4枚
(A)つけだれ
オリーブオイル……大さじ1
醤油……小さじ1
バルサミコ酢……小さじ1／4
レモン汁……小さじ1／2
〔作り方〕
① 生ハムは生春巻きの出来あがりの長さに切る。
② きゅうり、パプリカ（赤）も出来あがりの長さに合わせて細切りにする。
③ 生春巻きの皮は水に浸して戻し、①、フリルレタス、②、モッツァレッラ（フレッシュ）をのせ、きっちり巻く。
④ (A)の材料をすべて混ぜ合わせてたれを作り、添える。

(3) サラダ

フェタ・ギリシャとにんじんとくるみのサラダ

〔使用チーズ〕フェタ・ギリシャ
〔調理時間／人数〕15分／2人分
〔材料〕
フェタ・ギリシャ……40g
くるみ（食塩不使用）……15g

にんじん……1本
パセリ（みじん切り）……大さじ1／2
(A)ドレッシング
レモン（国産）皮（すりおろし）……1／4個
オリーブオイル……大さじ1と1／2
レモン汁……小さじ2
はちみつ……小さじ1／4
ブラックペッパー……少々

〔作り方〕

①フェタ・ギリシャは塩抜きし（真水で10分目安）、フォークの背で崩しておく。
②くるみは160℃のオーブンで5分空焼きし、粗くきざむ。
③にんじんは皮をむき、スライサーか包丁で5～6cm長さの千切りにする。ボウルに入れて塩少々（分量外）でもみ、水分を軽くしぼり(A)のドレッシングを混ぜ合わせ、②を入れて和える。
④パセリを混ぜて①をトッピングする。

ブルーチーズのポテトサラダ

〔使用チーズ〕エーデルピルツ
〔調理時間／人数〕20分／2人分
〔材料〕

エーデルピルツ……10g
じゃがいも（男爵）……140g
マヨネーズ……大さじ1
ヴィネガー……小さじ2
砂糖……ひとつまみ
ブラックペッパー、ガーリックパウダー、塩……少々

乾燥バジル（またはパセリ）、レッドペッパー
……少々

〔作り方〕

① じゃがいもは洗い皮ごとゆで、粗くつぶす。

② エーデルピルツはフォークの背でつぶし、マヨネーズ、ヴィネガー、砂糖を混ぜ合わせる。

③ ①に②を入れて混ぜ、ブラックペッパー、ガーリックパウダー、塩で調味する。

④ 乾燥バジルとレッドペッパーをふる。あればチャービルを添える。

(4) ドレッシング

シーザーサラダドレッシング（サラダ）

〔使用チーズ〕パルミジャーノ・レッジャーノ

〔調理時間／人数〕10分／4人分

〔材料〕

（ドレッシング）

パルミジャーノ・レッジャーノ（すりおろす）
……20g

にんにく（みじん切り）……1かけ

アンチョビフィレ（きざむ）……4枚

ヴィネガー……大さじ2

オリーブオイル……大さじ4

マヨネーズ……小さじ2

レモン汁……小さじ2

ブラックペッパー……少々

（サラダ）

ロメインレタス……1株

トレビス（紫キャベツでも）……4枚

クルトン……10g

〔作り方〕

①ドレッシングを作る。パルミジャーノ・レッジャーノとにんにく、アンチョビを一緒に包丁の背でたたいて混ぜ合わせ、ボウルに入れる。

②ヴィネガー、オリーブオイル、マヨネーズを加えてよく混ぜ合わせ、レモン汁、ブラックペッパーで調味する。

③サラダを作る。ロメインレタスとトレビスは洗って食べやすい大きさにちぎる。

④③と②を和え、クルトンを散らす。お好みでパルミジャーノ・レッジャーノ（分量外）をかける。

ブルーチーズドレッシング（サラダ）

〔使用チーズ〕ダナブルー

〔調理時間／人数〕10分／4人分

〔材料〕

（ドレッシング）

ダナブルー……50g

生クリーム……大さじ3

サラダ油……大さじ1／2

牛乳……大さじ1／2

レモン汁……小さじ1

ブラックペッパー……少々

（サラダ）

くるみ（食塩不使用）……10g

りんご……1／6個

ベビーリーフ……20g

フリルレタス……1／2株

セロリ……20g

〔作り方〕

①ドレッシングを作る。ダナブルーはフォークの背で崩し、生クリームを徐々に加えて泡だて器ですり混ぜる。

②サラダ油、牛乳を加えて溶きのばし、レモン汁、ブラックペッパーを加える。

③サラダを作る。くるみは160℃のオーブンで5分空焼きし、粗くきざむ。

④りんごは洗っていちょう切りにし、塩水にさらす。

⑤ベビーリーフ、フリルレタスは洗って食べやすい大きさに切り、セロリはピーラーで薄くひく。

⑥④と⑤を盛りつけて③をトッピングし、②をかける。

(5) ソース

ゴルゴンゾーラソース（フェットゥッチーネ）

〔使用チーズ〕ゴルゴンゾーラ・ドルチェ、パルミジャーノ・レッジャーノ

〔調理時間／人数〕10分／1人分

〔材料〕

ゴルゴンゾーラ・ドルチェ……40g

パルミジャーノ・レッジャーノ（すりおろす）……10g

フェットゥッチーネ（生）……130g（※乾麺の場合は80g）

生クリーム……70cc

牛乳……30cc

チキンスープ顆粒……小さじ1／4

ガーリックパウダー……少々

イタリアンパセリ（細切り）……適量

〔作り方〕

①ゴルゴンゾーラ・ドルチェはフォークの背で崩す。

②フェットゥッチーネは塩（分量外）を加えたたっぷりの熱湯でゆで、オリーブオイル（分量外）をかけておく。

③鍋に生クリーム、牛乳、①を入れて弱火で煮溶かし、チキンスープ顆粒、ガーリックパウダー、最後にパルミジャーノ・レッジャーノを入れ調味する。

④②に③をからませ、イタリアンパセリを散らす。

モルネィソース（チキンときのこのグラタン）

〔使用チーズ〕グリュイエール

〔調理時間／人数〕20分（焼成時間除く）／4人分

〔材料〕

（モルネィソース）

グリュイエール（すりおろす）……40g

バター（無塩）……20g

薄力粉……20g

牛乳……200cc

卵黄……1個

鶏のささみ（スジを取る）……4本（200g）

塩、ホワイトペッパー……少々

白ワイン（辛口）……大さじ1

マッシュルーム（薄切り）……10個

ピンクペッパー……少々

〔作り方〕

①モルネィソースを作る。鍋にバターを入れ、バターが焦げないように薄力粉を加えて炒め、牛

乳を徐々に加えながらホワイトソースを作る。

②①にグリュイエールを加え、溶けるまで弱火で混ぜる。いったん火からおろして卵黄を加えて混ぜ合わせ、さらに弱火で1分加熱する。

③鶏のささみは塩、ホワイトペッパーをふり、ワインをふって蒸し、煮汁につけたまま冷ましてひと口大に切る。

④マッシュルームはオリーブオイル（分量外）で炒める。

⑤耐熱皿に③、④を並べ、①をかけて表面が色づくまでオーブンで焼き、ピンクペッパーを飾る。

(6)メイン

ロスティ

〔使用チーズ〕グリュイエール

〔調理時間／人数〕15分／2人分

〔材料〕

グリュイエール（すりおろす）……60g
じゃがいも（メークイン）……180g
塩、ブラックペッパー……少々
オリーブオイル……大さじ2
ソーセージ……4本
ベビーリーフ……適量

〔作り方〕

①じゃがいもは皮をむき、千切りにする。

②①とグリュイエール、塩・ブラックペッパー少々を混ぜ合わせる。

③フライパンにオリーブオイルをひき、②が

円形になるように焼く。ソーセージも焼く。
④ ベビーリーフとともに盛りつける。

パンキッシュ

〔使用チーズ〕グリュイエール
〔調理時間／人数〕15分（焼成時間除く）／5人分
〔材料〕直径11cmのココット5個分
グリュイエール……100g
フランスパン……120g
ハム（スライス）……100g
ベーコン（スライス）……100g
（アパレイユ）
牛乳……120cc
生クリーム……250cc
全卵……1個
卵黄……2個
薄力粉……大さじ1
塩……小さじ1／3
ブラックペッパー・ナツメグ……少々

〔作り方〕
① グリュイエールは5㎜のサイコロ状に切る。オーブンは200℃で予熱する。
② フランスパンはひと口大の角切りにし、160℃のオーブンで5分空焼きする。
③ ハム、ベーコンは1cm幅に切り、さっと湯通しする。
④ アパレイユを作る。材料すべてを静かに混ぜ合わせる（薄力粉は最後に混ぜる）。
⑤ 耐熱容器に②、③を入れ、①をのせて④を注ぐ。
⑥ オーブンで15～20分焼き上げる。

ミラノ風チキンカツ

〔使用チーズ〕パルミジャーノ・レッジャーノ
〔調理時間／人数〕15分／2人分
〔材料〕
パルミジャーノ・レッジャーノ（すりおろす）……15g
パン粉……15g
鶏むね肉……250g
塩、ブラックペッパー……少々
薄力粉……大さじ2
卵……1個
オリーブオイル……大さじ3
〔作り方〕
① パルミジャーノ・レッジャーノとパン粉を混ぜ合わせる。
② 鶏むね肉は皮と脂肪をとり、食べやすい大きさにそぎ切りして塩・ブラックペッパーをふる。
③ ②に、薄力粉、卵、①の順に衣をつける。
④ オリーブオイルで表面がキツネ色になるよう中火で揚げ焼きにする。

(7) デザート

クリームチーズのパルフェ（抹茶）

〔使用チーズ〕クリームチーズ
〔調理時間／人数〕15分（冷凍時間除く）／5〜6人分（作りやすい分量）
〔材料〕10㎝×5㎝×高さ5㎝の型
(A)クリームチーズ……100g
加糖練乳……50g
レモン汁……小さじ2
バニラアイスクリーム……110g

抹茶……小さじ1
（※同量の熱湯でダマにならないよう溶く）
Ⓑクリームチーズ……１００g
加糖練乳……70g
（台）
グラハムクラッカー……40g
バター（食塩不使用）（溶かす）……10g
牛乳……小さじ1

〔作り方〕

① 台を作る。グラハムクラッカーはビニール袋に入れて、麺棒で細かく砕く。
② 溶かしバター、牛乳を加え、型にきっちり敷きつめる。
③ Ⓐを作る。クリームチーズを耐熱のボウルに入れ、ラップをかけて20秒ほど加熱して柔らかくし、泡だて器でなめらかになるまで混ぜる。加糖練乳、レモン汁を加えて混ぜる。
④ バニラアイスクリームを別の耐熱容器にあけ、ラップをかけて10秒ほど加熱する。
⑤ ③に④を少しずつ混ぜ合わせ、最後に熱湯で溶いた抹茶を加えて軽く混ぜ合わせて②に流し込み、冷凍庫で1時間ほど冷やす。
⑥ 冷凍している間にⒷを作る。クリームチーズを耐熱のボウルに入れ、ラップをかけて電子レンジで20秒ほど加熱し、柔らかくなったら練乳と混ぜ合わせる。
⑦ 1時間たったら⑤に⑥を流しこみ、二層にして表面を平らにならし、さらに3～4時間冷やし固める。

※提供時に抹茶（分量外）を茶こしでふり、あればスペアミントの葉を飾る。

カッサータ

〔使用チーズ〕リコッタ
〔調理時間／人数〕20分（冷凍時間除く）／4人分（作りやすい分量）
〔材料〕10㎝×8㎝×高さ5㎝の型
リコッタ……125g
アーモンド（食塩不使用）……25g
ピスタチオ（食塩不使用）……5g
ドライフルーツ（レーズン、クランベリー、ブルーベリーなど）……50g
キルシュワッサー……小さじ1
生クリーム……100g
グラニュー糖……30g
〔作り方〕
① アーモンドは160℃のオーブンで5分、ピスタチオは2分空焼きし、それぞれ粗くきざむ。ドライフルーツも粗くきざんでキルシュワッサーをかけておく。
② ボウルにリコッタを入れてなめらかになるように混ぜ、①を合わせる。
③ 別のボウルに生クリーム、グラニュー糖を入れ、八分立てに泡立てる。
④ ②に③を3回にわけて混ぜ合わせる。
⑤ 型にラップを敷いて④を流し、冷凍庫で数時間冷やし固める。

ケークサレ（ハム、パプリカ、イタリアンパセリ入り）

〔使用チーズ〕グリュイエール
〔調理時間／人数〕20分（焼成時間除く）／6人分
〔材料〕18㎝×8㎝×高さ6㎝のパウンド型
グリュイエール（すりおろす）……80g

卵（L）……2個
牛乳……100cc
サラダ油……70g
薄力粉……100g
ベーキングパウダー……小さじ1
（具）
パプリカ（赤）（きざむ）……1／2個
ハム（1㎝幅に切る）……50g
サラダ油……小さじ1
ホワイトペッパー、塩……少々
イタリアンパセリ（細切り）……5g

〔作り方〕

① 具を作る。パプリカとハムをサラダ油でさっと炒め、ホワイトペッパー、塩で調味し、粗熱をとってイタリアンパセリを加える。オーブンは180℃に予熱する。

② ボウルに卵を入れて泡立て器で卵白を切るように溶きほぐす。牛乳を注ぎ入れてよく混ぜながら、サラダ油を少しずつ流し入れる。

③ ②にグリュイエールを一度に加え、とろりとするまでよく混ぜる。

④ ①を入れてゴムベラに持ち替え、薄力粉とベーキングパウダーを合わせてふるいながら、さっくりと混ぜ合わせる。

⑤ 型に流し入れてオーブンで40分焼く。焼きあがったら型から外し、ケーキクーラーにのせて粗熱をとる。

2 チーズとアルコールの相性

(1) チーズとワインの相性

チーズの種類のなかでも紹介したが、チーズとワインはよく合う。これらはともに発酵食品であり、それぞれがさまざまな風味をもち、お互いの個性を引き出し、また、調和させる最高の相性である。

チーズとよく合う飲みものには、他にビール、日本酒、コーヒー、ウイスキー、シードル、カルヴァドスなどあるが、ワインにまさるものはないといわれている。

フランス料理のオードブルにはすっきりした辛口の白ワインかシェリー、魚料理には白ワイン、肉料理には赤ワインが合うということは、ワイン通でなくてもよく知られている。

フランスでは、次のことがいわれている。

・チーズとワインは、同じ地方でできたもの、またはより近い地方のものを選べば無難で、相性がよいものが多い。

・赤、白、ロゼともいろいろ合うチーズがあるが、どちらかといえばチーズには赤ワインが合わせやすい。

・デリケートな香り（ブーケ）をもつ銘醸ワインには、そのブーケを損なわないようなチーズを選び、過熟のチーズは避けた方がよい。

・塩味の強いチーズには酸味の多いワイン、脂肪分の多いチーズにはタンニンの強いワインを選ぶと合わせやすい。

また、基本的組み合わせとしてたとえば、味の強いチーズには腰のある赤ワインが、マイルドなチーズにはフルーティーで軽い赤、または辛口の

図表8－1　チーズとワインの組み合わせの一例

チーズの種類			ワインのタイプ
非熟成（フレッシュ）タイプ	フレッシュタイプ	ブリア・サヴァラン、ブルサン（ペッパー、ガーリック＆ハーブ）、モッツァレッラ（イ）、マスカルポーネ（イ）、リコッタ（イ）	やや酸味のある白ワインやロゼ
	クリームチーズタイプ	クリームチーズ（デンマーク、フランス、オーストラリア、日本など）	フルーティーで軽い赤ワイン
	その他	フェタ（ギリシャ、デンマーク）	辛口の白ワイン、フルーティーな赤ワイン
白かびタイプ		カマンベール、ブリー、カプリス・デ・デュー	コクのある辛口白ワイン、軽い赤ワイン
ウォッシュタイプ		リヴァロ、マンステール、タレッジョ（イ）	コクのある赤ワイン（フルーティーな赤）
シェーヴル		ヴァランセ、セル シュール シェール	辛口のフルーティーな白ワイン、軽い赤ワイン
青かびタイプ		ブルー・ドーヴェルニュ、フルム・ダンベール、ブルー・デ・コース、ロックフォール、ゴルゴンゾーラ（イ）、ダナブルー（デ）、スティルトン（イギ）	コクのある赤ワイン、甘口白ワイン
セミハードタイプ		カンタル、ライオル、モルビエ	辛口白ワイン、ロゼ、軽い赤ワイン
ハードタイプ エキストラハードタイプ		ボフォール、コンテ、パルミジャーノ・レッジャーノ（イ）、エメンターラー（ス）、グリュイエール（ス）、ラクレット（ス）、スプリンツ（ス）、アッペンツェラー（ス）	コクのある辛口白ワイン、ロゼ（長期熟成したチーズにはコクのある赤ワイン）フルーティーな白ワイン、ロゼ

注：無印はフランス産、（イ）はイタリア産、（デ）はデンマーク産、（イギ）はイギリス産、（ス）はスイス産。ワインの定番国といわれるヨーロッパ諸国のほか、日本でのワインブームの底上げをした“ニューワールド”のワインは買い求めやすいものが多い。近年は国産ワインのレベルが上がり、人気が高まっている。

白が合うといえる。

チーズとワインの組み合わせについては、いろいろな方々が発表されているが、人によってその組み合わせはまったく異なることもある。チーズとワインの相性は、チーズの熟成度合や個人の感覚によってもいろいろと変化するが、組み合わせの一例を図表8—1に示した。なお、相性には基本原則と基本的組み合わせがあり、これらは一つの相性傾向値として知っておくとよい。

(2) チーズとビールの相性

ビールはワインと同様、メソポタミアを中心とした西アジアが発生の地である。同じ発酵食品でもあり、ビールもチーズと相性のよいものが多い。

ビールはワインよりアルコール分が少なく、軽い苦みと発泡性があって、飲む人も爽快感をもつものである。チーズはこうしたビールの特徴を生かし、さらにおいしさと健康を与えるものである。

また、ビールはワイン（ぶどう）を生産しない土地でもつくられる。そこでは、ビールは酒類の中心としてその土地に密着し、その土地のチーズはビールとともに供されている。

一般的には、ゴーダやミモレットなどのセミハードタイプに合うといわれているが、フランスでは若いポン・レヴェック、マンステール（ウォッシュタイプ）、ドイツでは脂肪分の多いカンボゾーラ（青かびタイプ）が合わせやすい。

ビールもチーズ同様、それぞれの産地国で特徴がある。世界では、日本製品のみならず「クラフトビール」と呼ばれる小規模工場でビール職人がつくる本格的なビールが注目されている。

ビールと相性のよいチーズの一例を、図表8—

2に示す。

(3) チーズと日本酒の相性

チーズと日本酒はまったく異なっていて合わない、とお考えの方もおられるが、
・ともに古い起源をもち、本格的発展過程がある。
・チーズも日本酒も最初は農耕民族がつくった発酵食品であり、ともに健康によいものである。
・飛鳥時代につくられた蘇（チーズ様の乳製品）が、平安時代になって朝廷の食卓や宴席に貴重品として重宝されたという記録が残っている。
という事実を踏まえると、最高の相性を知ることができる。

日本酒サービス研究会・酒匠研究会連合会の発表によると、日本酒は香りと味わいで４タイプに大別される。日本酒も種類が多く、チーズも国内

図表８－２　ビールと相性のよいチーズの一例

チーズの種類	分類	国　名
カンボゾーラ エーデルピルツ	青かび	ドイツ
ゴーダ スパイスゴーダ	セミハード	オランダ
チェダー シュロップシャー・ブルー	ハード 青かび	イギリス
ポーター（チェダー・ポーター）	ハード	アイルランド
シメイ	セミハード	ベルギー
ミモレット マンステール	ハード ウォッシュ	フランス
リダー	ウォッシュ	ノルウェー
ペッパー・ジャック	セミハード	アメリカ
さけるチーズ カマンベール プロセスチーズ スモークチーズ	フレッシュ 白かび プロセスチーズ プロセスチーズ	日本

〔醇酒〕 (じゅんしゅ) コクのあるタイプ 純米酒系 生酛系	フレッシュ	ハロウミ	キプロス	上記と同様
	白かび	カマンベール他	フランス オーストラリア	熟成が進んだものがおすすめ
	青かび	ダナブルー	デンマーク	チーズの塩味がアクセントとなるよう、野菜とともに合わせるのがおすすめ
		フルム・ダンベール	フランス	
		ロックフォール	フランス	
		ゴルゴンゾーラ	イタリア	
		スティルトン	イギリス	
		カンボゾーラ	ドイツ	
	ウォッシュ	ピエ・ダングロワ	フランス	熟成が進みトロトロになったもの
	セミハード	ゴーダ	オランダ	熟成期間の長いもの
		シェヴレッテ	オランダ	熟成したシェーヴルは特有の香りが少なく、日本酒とマッチ
	ハード	グリュイエール	スイス	切り方を変えると（スライサーで薄くひく）口のなかで調和しやすい
		コンテ	フランス	
		ミモレット	フランス	18カ月熟成のからすみのようなコクと旨みがあるものがおすすめ
〔熟酒〕 (じゅくしゅ) 長期熟成酒系 古酒系	青かび	ロックフォール	フランス	上記と同様
	ウォッシュ	ポン・レヴェック	フランス	熟成したもの
		マロワール	フランス	
	ハード	ミモレット	フランス	18～24カ月熟成のからすみのようなコクと旨みがあるものがおすすめ
		ゴーダ	オランダ	12カ月以上の熟成でコクのあるものがおすすめ

図表8－3　日本酒と相性のよいチーズの一例

（加工も含む）

日本酒のタイプ	チーズ			
	分類	種類	国名	合わせるコツ
〔薫酒〕 （くんしゅ） 香りの高いもの 大吟醸酒系 吟醸酒系	フレッシュ	モッツァレッラ	イタリア、日本	フレッシュで淡泊な味わいのチーズに和風調味料の醤油、味噌、海苔、かつお節、薬味などを使うと、より相性がよくなる
		カッテージチーズ	日本	
		さけるチーズ	日本	
		ハロウミ	キプロス	チーズの塩味がアクセントになるよう、野菜とともに調理するとよい
		フェタ	ギリシャ デンマーク	
〔爽酒〕 （そうしゅ） 軽快でなめらかなタイプ 本醸造酒系 生酒系 普通酒系	フレッシュ	上記と同様		上記と同様
	白かび	カマンベール（生）	フランス	若い熟成のものがおすすめ
		カマンベール（ロングライフ）	フランス ドイツ デンマーク 日本	
	セミハード	ゴーダ	オランダ	味噌漬にしたり、七味やゴマ、しそふりかけをふりかけると、より日本酒に合う
		チェダー	イギリス	
		サムソー	デンマーク	
		マリボー	デンマーク	
		モントレー・ジャック	アメリカ	

外で1000種近くあり比較が難しいため、この4タイプに合わせて図表8―3のとおりチーズを選んだ。一般的には、塩分がやや多めのチーズがよく合う。同連合会によると、日本酒には塩分の多少にかかわらず酒の力は変わらないため、反発することなく甘みが出てくる。

チーズのなかでも青かびタイプやハード系（セミハードを含む）のものが合わせやすく、セミハードの軽いものは、味噌漬などにすると、より日本酒に合う。

白かびタイプは、日本人がもっとも好むタイプの一つだが、日本酒に合わせる人も多い。

フレッシュタイプは味が淡泊でそのままでは合わせにくいが、醤油、味噌、海苔、かつお節などの和食調味料や食品と合わせると、相性がよくなるものが多い。

(4) チーズと焼酎の相性

近年、焼酎の消費は着実に増加し、2003年度には日本酒（清酒）を上回る出荷量まで発展した。焼酎には大別して次の2種類がある。

① 連続式蒸留しょうちゅう（甲類焼酎）

アルコールを含んだ「もろみ」を連続式蒸留機で蒸留したもの。アルコール分36度未満でホワイトリカーとも呼ばれている。明治時代からつくられている。

無臭（純アルコール）であるので、果汁や果汁入り炭酸などで割って飲むサワーやチューハイが飲まれている。

② 単式蒸留しょうちゅう（乙類焼酎）

第一次「もろみ」は米であるが、さらに第二次の「もろみ」として米、芋、麦、ひえ、ごま、にんじん、そばなどを使用して単式蒸留機で「もろ

図表8－4　焼酎と相性のよいチーズの一例

種類アルコール分		飲み方・添加物	推定度数	チーズの種類	分類
連続式蒸留しょうちゅう（甲類）	25度	（甘みのあるもの）原料の甲は25度で焼酎＋氷＋果汁または果汁炭酸	5度～10度	・クリームチーズフルーツ入（デンマーク、日本） ・カマンベール（フランスほか）	非熟成（フレッシュ）
		（甘みのないもの）焼酎＋氷＋ソーダまたは水、緑茶、ウーロン茶など	8度～10度	・ゴーダ（オランダ） ・サムソー、マリボー（デンマーク） ・カマンベール（フランスほか） ・ゴルゴンゾーラ（イタリア） ・カンボゾーラ（ドイツ） ・ハロウミ（キプロス）	セミハード 白かび 青かび
	35度	主として果実酒、とくに梅酒などが多い		・クリームチーズプレーン（デンマーク、フランス、オーストラリア、日本など）	非熟成（フレッシュ）
単式蒸留しょうちゅう（乙類）	25度	ストレート、オンザロック、または焼酎＋水、お湯	25度 12.5度 15度 17.5度 5度	・モッツァレッラ（イタリア） ・カマンベール（フランス） ・タレッジョ（イタリア） ・ポン・レヴェック（フランス） ・グリュイエール（スイス） ・ミモレット18カ月（フランス） ・コンテ、ボフォール（フランス） ・パルミジャーノ・レッジャーノ（イタリア） ・ロックフォール（フランス） ・ブルー・ドーヴェルニュ（フランス） ・ダナブルー（デンマーク）	白かび ウォッシュ ハード 青かび
	35度 40度～45度	果実酒が多い ・特殊なもので好みによる ・その他熟成もの5～10年さらにその上もある		・クリームチーズプレーン（デンマーク、フランス、オーストラリア、日本など）	非熟成（フレッシュ）

み」を蒸留したもの。いわゆる本格焼酎と呼ばれているものである。出来あがった焼酎には第二次「もろみ」に使った原料の香りや味わいを残している。アルコール分は45度以下。14世紀半ば頃、東南アジアやタイから沖縄に伝わり、16世紀には鹿児島から南九州全域に広がった。ストレートまたは水かお湯で自分の好みによって割って飲む。

この2種の焼酎の飲み方に合わせ、チーズとの相性を探った（図表8－4）。

焼酎も古くから飲まれている酒の一種であり、チーズとの相性も日本酒とよく似ているのは、蒸留酒であるが発酵食品でもあるからである。

焼酎では割って飲むことが多く、アルコールが低くなる（推定8～10度）。なかでも果汁割りは甘みがあるので、チーズもやや甘みのあるクリーム系のフルーツ入りなどが合う。甘みのないもので割る場合も低アルコールになるので、白かびタイプの食べやすいものや、セミハードで軽い風味のものが合う。

本格焼酎では、日本酒並みのアルコール分になる割り方を中心に考慮し、図表8―4では軽めのウォッシュタイプ、セミハードのなかでもコクのあるもの、ハード、エキストラハードのコクと旨みのある長期熟成型のチーズを選んだ。

全般的には、塩分の多い青かびタイプ（ロックフォールなど）がよく合うようである。また、フレッシュタイプのハロウミ（キプロス）は餅のように焼いて食べ、モッツァレッラ（イタリア）は薄切りし、わさび醤油か薬味を添えてポン酢で食べるのがおすすめ。日本人が常食としている調味料であるかつお節や醤油、味噌を、カッテージチーズやクリームチーズと合わせるとよく合う。

以上は一つの目安であり芋、麦、米、そばなど味と香りに個性のある本格焼酎は、それぞれ好みに合ったチーズを見つけたい。

ちなみに、泡盛には長期熟成された旨みの濃いハード・セミハードタイプや、塩味の強い青かびタイプなどをわさび漬けを食べるときのように少しずつ合わせるのがおすすめ。

3　チーズとフルーツ・野菜との相性

(1) フルーツとチーズ

チーズにフルーツを組み合わせると、チーズに足りない栄養素のビタミンC、炭水化物（食物繊維）を補ってくれるほか、彩りを添え季節感を出すことができる。また、チーズ単体の味にフルーツのジューシーさ、甘さをプラスすることで、独特の匂いや塩味を和らげ、食べやすくなる。フルーツの旬からみるチーズと相性のよい一例を図表8―5に示した。

また、季節に左右されず手に入りやすく保存性の高いセミドライ・ドライフルーツを一緒に添えることも同様の効果がある。セミドライ・ドライフルーツは、フレッシュフルーツに比べ甘みと旨みが強いので少量でもチーズの塩味を和らげ、ナッツはチーズのふくよかな香りと歯応えのある食感を与え、飽きずに食べられる。ナッツ類は、チーズの塩分を考慮し「無塩タイプ」を組み合わせるのが無難。

チーズと合うセミドライ・ドライフルーツ、ドライナッツの一例として、レーズン（バラ・枝付き、黒系ぶどう、グリーン系などあり）、いちじく、ブルーベリー、プルーン、干し柿・あんぽ柿、マンゴー、りんご、くるみ、アーモンド、ヘーゼルナッツなどがある。

(2) 野菜とチーズ

チーズに野菜を組み合わせると、フルーツ同様チーズに足りない栄養素のビタミンC、炭水化物（食物繊維）を補ってくれるほか、彩りを添え季節感がでる。

最近では、乳製品と野菜を組み合わせることで食材同士がもつ効能がさらに効果を発揮する「相加効果」があることがわかってきた。また、チーズ単体の味に野菜の甘み、旨み、香り、食感をプ

秋（9・10・11月）	りんご	白かび全般	りんごのさわやかな酸味と甘みがチーズのクリーミーさと調和し、あとをひく味わい。
		青かび全般	りんごの甘みと爽やかな酸味がチーズの濃厚さと調和。ブルーチーズは表面を白かびで熟成させたソフトな口当たりのものが好相性。蜜入りの重厚な甘みのりんごには個性のはっきりしているブルーチーズにもよく合う。
		ウォッシュ全般	りんごの爽やかな酸味と甘みはチーズの独特な香りと濃厚な味わいを和らげ、食べやすくする。
	柿	モッツァレッラ	優しい甘みとほどよい食感の柿は、みずみずしくもっちりとしたモッツァレッラチーズとよく合う。
	梨	チェダー	シャキシャキとした歯触り、爽やかな水っぽさで涼しげな香りの梨とコクと旨みのなかに軽い酸味のあるチェダーは調和しやすい。
	洋梨	青かび全般	甘い香りととろけるような果肉の食感に、ブルーチーズの独特な香りと塩分がよく合う。ブルーチーズは重厚で個性がはっきりしているものがおすすめ。
	ぶどう（黒系）	青かび全般	濃厚な甘みでジューシーな果肉の巨峰などのぶどうに、塩分がやや強いブルーチーズや熟成されてコクとうまみが増したハード・ウォッシュタイプがよく合う。
		ハード全般	
		ウォッシュ全般	
冬（12・1・2月）	いちご	フレッシュ全般	匂いが穏やかなフレッシュタイプのチーズやミルキィな白かびには、甘みのなかにほどよい酸味があるいちごとの相性がよい。いちごは甘みの強い品種がおすすめ。
		白かび全般	
	ネーブルオレンジ	シェーヴル全般	オレンジの爽やかな酸味と濃厚な香りは、山羊乳の軽い酸味との相性がよい。山羊チーズ特有の香りも和らぐ。

注1：フルーツの旬の定義は日本の市場での出回り時期を参考にしており、品種により前後する。
2：フルーツは数多くの品種があり、また追熟により香りも食感も変化するのであくまでも一例としている。

図表8－5　フルーツの旬からみるチーズとおいしい相性の一例

季節	旬のフルーツ	相性のよいチーズ	ワンポイント
春（3・4・5月）	グレープフルーツ	モッツァレッラ	ジューシーで爽やかな甘みとほろ苦さはチーズと組み合わせると、サラダ感覚で楽しめる。
	パパイヤ	マスカルポーネ	香りの強いトロピカルフルーツは、香りが穏やかなフレッシュタイプのチーズと調和しやすい。
		リコッタ	
		クリームチーズ	
夏（6・7・8月）	パイナップル	コンテ	パイナップルの香りは長期熟成したコンテの香りに似ている。豊かな香りと果汁、酸味と甘みのバランスがコンテによく合う。
	マンゴー	マスカルポーネ	香りの強いトロピカルフルーツは、香りが穏やかなフレッシュタイプのチーズと調和しやすい。
		リコッタ	
	ブルーベリー	マスカルポーネ	甘酸っぱいベリー系は、匂いが穏やかなフレッシュタイプのチーズやクリーミーな白かび系と合わせやすい。酸味とミルキィさが調和する。
		フロマージュ・ブラン	
		カマンベール	
	すいか	ハロウミ	すいかの甘みをハロウミの塩気がひきたてる。
	桃	モッツァレッラ	果肉の柔らかい桃の食感と甘い香りは、みずみずしくもっちりとしたモッツァレッラと合う。
	いちじく	チーズ全般	上品でさっぱりした甘みのいちじくは、フレッシュからハード系のチーズまで合わせやすい。
	ぶどう（グリーン系）	グリュイエール	上品で爽やかな香りでジューシーな果肉のマスカットには、コクと旨みがあるハード系のチーズとよく合う。

ラスすることで相互がよりおいしさを引き立て合う。図表8―6に野菜を組み合わせた世界のチーズ料理の一例を示す。

4 チーズとパンの相性

チーズとパンは、ワインとともに紀元前4000年ほど前にメソポタミアを中心とした西アジア地方で生まれたといわれている。同じところで生まれたこの3つは非常に相性がよく、三位一体（三味一体）とまでいわれるようになった。

チーズとパンは互いを引き立てたり助け合ったりするが、チーズは個性をもっており、パンは脇役的でなければならない。したがって、パンは個性の少ないもの、すなわちミルクや卵、砂糖などを多く使ったリッチなパンは、チーズの持ち味を失わせる場合もあり、考慮する必要がある。

バターやハム、野菜などをミックスするサンドイッチは、チーズやパンについて考慮することはない。

ヨーロッパでは、レストランでチーズを注文すると必ずパンがついてくる。チーズとパンは切り離すことができない。

チーズのタイプ別にチーズの味を引き立てるパンを図表8―7に示す。パンの厚みや量はチーズの特長、チーズの厚み、1度に口にする量を変えると味わいが変化する。また、これ以外に、

・脂肪分の多いチーズにはクルミやレーズン入りのパンとの相性がよい。
・熟成の進んだチーズには、ライ麦入りのパン、酸味のあるパンなどを組み合わせるとよい。
・パンとの組み合わせに迷ったら、フランスパン

図表8－6　野菜を組み合わせた世界のチーズ料理の一例

野菜	国名	料理名	使用するチーズの種類	ワンポイント
じゃがいも	フランス	アリゴ	トム・フレッシュ・ド・ライオル	ピューレ状にしたじゃがいもとチーズを合わせ練り、つきたての餅のように仕上げて食べる料理。練る際のパフォーマンスが楽しい。
	フランス	タルティフィレット	ルブロション	ゆでたじゃがいもを薄切りにし、ルブロションと交互に重ね生クリームをかけて焼いたオーブン料理。
	イタリア	フリーコ	モンタジオ	チーズとじゃがいものお好み焼きのようなもの。表面のチーズをカリカリに焼くのが特徴。たまねぎの甘みが隠し味。
	スイス	ロスティ	グリュイエール	チーズとじゃがいものパンケーキ。千切りにしたじゃがいもとグリュイエールを混ぜ焼いた料理。
	スイス	ラクレット	ラクレット	チーズの切り口を暖炉の火にかざして焼き、溶けたところを切り取りゆでた皮付きのじゃがいもにかけて食べる山の料理。※現在では専用ヒーターでチーズを焼いて提供されることが多い。
たまねぎ	フランス	オニオングラタンスープ	グリュイエール	「グラタン」という名のオーブン焼きのたまねぎとチーズのスープ。飴色になるまでソテーしたたまねぎの甘みとチーズの旨みがマッチ。寒い冬に好まれる。
	フランス	タルト・オ・フランベ	フロマージュ・ブラン	フランス版、薄焼きピザ。極薄いパン生地にフロマージュ・ブランを塗り、薄切りのたまねぎ、ラルドン（豚の脂または豚のバラ肉）をのせて焼いたもの。
	フランス	キッシュ・ロレーヌ	グリュイエール	アルザス・ロレーヌ地方の郷土料理でチーズ・生クリーム、卵、ベーコンを使った塩味のパイ。軽食やオードブルにもなる。具材にたまねぎを使うこともある。
トマト	イタリア	カプレーゼ	モッツァレッラ（フレッシュ）	トマトとモッツァレッラ（フレッシュ）のサラダ。バジルを添え、オリーブオイルをかける。イタリアの国旗の色を思わせる色あい。
	イタリア	ピッツァ・マルゲリータ	モッツァレッラ・ディ・ブーファラ・カンパーナ	ピッツァの代表的存在。トマトソース、バジル、モッツァレッラ・ディ・ブーファラ・カンパーナのピッツァ。
きゅうり	ギリシャ	グリークサラダ（ギリシャサラダ）	フェタ	きゅうり、玉ねぎ、トマトなどの野菜とフェタを合わせたサラダ。オリーブをあしらいオリーブオイルをかける。
なす	イタリア	パルミジャーナ・ディ・メランザーネ	パルミジャーノ・レッジャーノ	揚げなすのチーズとトマトのオーブン焼き。※メランザーネとは「なす」の意味
ロメインレタス	アメリカ	シーザーサラダ	パルミジャーノ・レッジャーノ	ロメインレタス（コスレタス）の上にシーザーサラダドレッシングをかけたサラダ。

図表8－7　チーズのタイプ別からみる相性のよいパン

チーズのタイプ	相性のよいパンの定義
フレッシュ	パンに多少のミルクやバター、甘みが入っているものでも相性がよい。また、フルーツやナッツなどが入ったチーズは、フランスパンなどシンプルなものがおすすめ。
白かび	フランスパンやパン・ドゥ・カンパーニュなど素朴な小麦の味のパンとの相性がよい。
青かび	コクのある小麦の香りと酸味のあるライ麦入りのパンや、レーズンやいちじく、クルミなどが入った少し甘めで食感にアクセントがあるパンがブルーチーズの個性を和らげながら味を引き立てる。
ウォッシュ	コクのある小麦の香りと酸味のあるライ麦入りのパンが調和。風味が弱く最近人気の軽めのウォッシュタイプには、風味が穏やかなフランスパンも相性がよい。
シェーヴル	フレッシュ系にはブリオッシュなど柔らかくやや甘めのものも合う。熟成タイプにはライ麦が少し配合されているものがよい。ライ麦パンの軽い酸味がシェーヴル特有の酸味と調和する。
ハード セミハード	コクのある小麦の香りと酸味のあるライ麦入りのパンや、素朴なパン・ドゥ・カンパーニュが合う。チーズをパンと一緒に加熱する場合は、フランスパン、角型食パン、イングリッシュマフィンなどもおすすめ。

をチョイスすれば無難である。

・オードブル的な用途としては、メルバトースト、シリアル系のクラッカーと合わせる方法もある。

・同じ国のもの同士は、比較的相性がよく合わせやすいものが多い。

・最近では、健康志向、栄養の観点からクラッカーも通常の小麦粉より食物繊維やミネラル、ビタミンが多い全粒粉を使ったものに人気が高まっている。クラッカーは無塩のほうがチーズと調和が取りやすい。

パンは、土地の気候や食文化に合わせ原材料の違いや製造方法に独自の技術がみられ、さまざまな種類がある。図表8—8にチーズと合うパンで比較的手に入りやすいものを国別にあげた。

図表8－8　代表的な各国のパンとチーズのおいしい相性の一例

国	パン	相性のよいチーズ	ワンポイント
フランス	フランスパン	カマンベール、ブリー 白かび全般 コンテ、エメンターラー	素朴な小麦粉の味とほのかな塩分のフランスパンには、クリーミーな組織で口当たりのよい白かびタイプとの相性がよい。 また、しなやかでコクのある若めのハードタイプのチーズとの相性はあきのこないおいしさ。
	パン・ドゥ・カンパーニュ	白かび全般 ウォッシュ シェーヴル（熟成したもの） セミハード、ハード全般	小麦粉とライ麦粉をブレンドし小麦の香ばしさと素朴な味わいのパン・ドゥ・カンパーニュは幅広く合わせやすい。 素朴でありながらパンのもつ複雑みをおびた味わいと、ナチュラルチーズのコクがマッチ。
	パン・オ・カレンズ パン・オ・ノア	クリームチーズ カマンベール、ブリー 青かび全般	フルーツの自然な甘さで、チーズの塩分や独特の香りを和らげ食べやすくなる。くるみなどのナッツはアクセントを与え最後まで飽きずに食べられる。フルーツとナッツが入っているパンは両方の特長を合わせもち、より贅沢な味を醸す。
	クロワッサン	カッテージチーズ リコッタ	バターがたっぷり入っている生地には、フレッシュで個性の少なく低脂肪のものがおすすめ。
	ブリオッシュ	クリームチーズ シェーヴル（フレッシュ） カッテージチーズ リコッタ	バターがたっぷり入っている生地には、フレッシュで低脂肪のものがおすすめ。
イタリア	フォカッチャ	モッツァレッラ	オリーブオイルが練りこんであるフォカッチャとモッツァレッラとのサンドイッチは、イタリアでは定番。 フォカッチャに具材を挟めばパニーニになる。
	チャバッタ	マスカルポーネ プロヴォローネ ペコリーノ・トスカーノ（熟成が若いもの） コンテ、エメンターラー	気泡が多くざっくりした生地でもちっとした食感を合わせもち、あっさりしているチャバッタは、高脂肪のフレッシュチーズやしなやかでコクのあるセミハード・ハード系によく合う。
	グリッシーニ	マスカルポーネ クリームチーズ	水分の少ないグリッシーニになめらかなフレッシュ系のチーズを合わせると食べやすくなる。 カリカリとした食感と柔らかいチーズのハーモニがあとをひく。
	パネトーネ	マスカルポーネ	洋酒とドライフルーツたっぷりのパネトーネにクリーミーなマスカルポーネを添えると、洋菓子感覚で食べることができる。

国	パン	相性のよいチーズ	ワンポイント
ドイツ	プンパニッケル	クリームチーズ	目がつまって酸味がありどっしりしているのでクリームチーズの軽い酸味と脂肪が調和。
	ミッシュブロード	エメンターラー、コンテ、ゴーダ	小麦粉とライ麦の配合比率が半分ずつで、しっとりした中にライ麦の軽い酸味があるので、コクと旨みのあるセミハード系のチーズとの相性がよい。
	フォルコンブロート	エメンターラー、コンテ ゴーダ、スパイスゴーダ エダム（熟成が若いもの） 白かび全般（熟成したもの）	全粒粉もしくは全粒粗挽き粉で作ったパン。少々固めだが香ばしさがあり、噛むほどに自然の味わいが感じられるフォルコンブロートは、コクのあるセミハードやスパイスが入ったチーズとの相性がよい。また、白かびタイプは熟成し風味とコクが増したものが合う。
	プレッツェル	マスカルポーネ クリームチーズ	水分の少ないプレッツェルになめらかなフレッシュ系のチーズを合わせると食べやすくなる。
	シュトーレン	マスカルポーネ	バター、ラム酒、はちみつをたっぷり使ったどっしりとした生地と甘さが、コクのあるマスカルポーネと調和。
デンマーク	トレコンブロート	クリームチーズ マリボー、サムソー	「3種類の穀物パン」という意味のパンで小麦粉、全粒粉、ライ麦粉を使用。表面にはごまをトッピングしてあるものが多い。 ごまの香ばしさと穀物の優しい旨みが感じられるトレコンブロートは、コクがありきめ細かいクリームチーズやコクと旨みがありながら優しい味わいのマリボーやサムソーがなどのセミハードとよく合う。
イギリス	イングリッシュマフィン	チェダー ゴーダ クリームチーズ	外はカリッ、中はモチッとしていて表面のコーンミールの香ばしさがあるイングリッシュマフィンと相性がよいのがコクのあるチェダーやゴーダ。加熱するとそれぞれの風味が際立つ。また、クリームチーズをたっぷり塗るのもおすすめ。
	イギリスパン	チェダー ゴーダ	厚切りのイギリスパンにはチェダーやゴーダのスライスしたものやシュレッドチーズをたっぷりかけて焼くと、トロッ、サクッのおいしさが楽しめる。
	スコーン	マスカルポーネ	外側には程よい硬さがあり、食べたときにざっくりとした歯ごたえのあるスコーンには、マスカルポーネが合う。クロテッドクリームの代用にも。

国	パン	相性のよいチーズ	ワンポイント
アメリカ	ベーグル	クリームチーズ	もっちりとしていて噛みごたえがあり、油脂を使用しないことから低カロリーのパンとして人気の高いベーグルは、クリームチーズとの相性がとてもよい。
インド	ナン	セミハード全般 (シュレッドチーズ)	表面はパリッとしてモチモチした歯応えのあるナンには、加熱すると伸びるセミハードタイプがおすすめ。生地の中に包餡したりトッピングとして焼くなどアレンジ系のナンが流行りつつある。
中近東	ピタパン	レッドチェダー ゴーダ カマンベール、ブリー ブルサン クリームチーズ	小麦の素朴な味わいのピタパンには、しなやかでコクのあるセミハード・ハードタイプが合う。挟みやすいようスライスの形状にしたものがよい。また、内側に塗れるスプレッドタイプも使いやすい。
メキシコ	トルティーヤ	レッドチェダー (シュレッド・スライス)	とうもろこしの粉または小麦粉、または2種をブレンドし薄く焼かれたトルティーヤには、具材とセミハードチーズを一緒にし折りたたむ。スパイシーなタコミートにレッドチェダーのコクが合う。　※巻いたものはブリトーと呼ばれる。
日本	角型食パン	プロセスチーズ (スライス)	中身がソフトできめが細かくほのかな甘みと小麦の香りがする優しい角型食パンには、クセの少ないプロセスチーズや加熱すると溶けるプロセスチーズがおすすめ。
	コッペパン	プロセスチーズ (スライス)	甘みが抑えられていてシンプルでクセのない味わいのコッペパンには、しっかりした味わいのチェダー風味のプロセスチーズやスモークチーズがよく合う。
	全粒粉入りのパン (角型食パン・イングリッシュマフィン)	セミハード全般 (スライス) クリームチーズ (スプレッドタイプ)	小麦粉に全粒粉をブレンドし日本人に不足しがちな食物繊維やミネラルやビタミンを補う目的でつくられたパン。日本人向けに食感はソフトで香ばしさがあり、コクのあるセミハード系のセミハードタイプやスプレッドタイプのクリームチーズがよく合う。日本はパン文化の後進国だからこそ、オリジナリティあるパンが生まれている。

注　：チーズとパンの相性についてはチーズの熟度具合によって変わる。

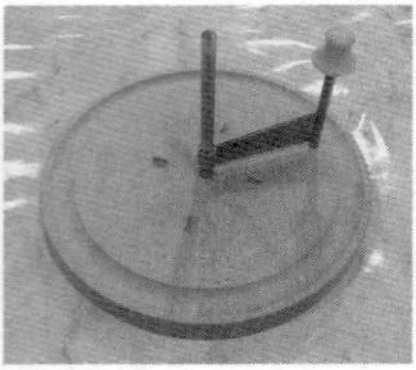

削る

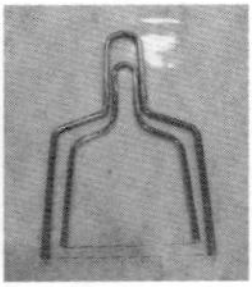

カットする、スライスする

すりおろす

砕く

写真８－１　チーズをカットするための道具

5　チーズ関連の道具

(1) チーズをカットするための道具

一口にチーズをカットするといっても、さまざまな方法がある。具体的な道具（ナイフ）を写真8―1に示す。

チーズのタイプや形状、熟成具合や硬さ（水分値）、さらに調理方法も考慮した上でナイフを使い分けると、きれいにカットできるだけでなく、おいしさがいっそう引き立つ。

また、チーズをカットするボード（まな板）にはいくつかの材質があるが、木製のボードがおすすめ（写真8―2）。カットするだけでなく、そのままテーブルに置くこともできる。使用後はぬるま湯で洗い、風通しのよいところで完全に乾かし

写真8－2
木製カッティングボード

写真8－3
チーズフォンデュ鍋

写真8－4
卓上ラクレットヒーター

てから収納するようにする。ほかに手に入りやすい素材では、プラスチック製があり衛生管理しやすいが、バックヤードで使用するほうがベター。大理石製やガラス製は温度管理と演出効果に優れている。

(2) チーズ関連の器具

① チーズフォンデュ専用鍋・専用フォーク

片手の土鍋が多い。下からキャンドル式のもので温めるタイプ、アルコールを入れ点火するタイプがある。専用フォークは具材が鍋の中に落ちないように先が二股に分かれたフォーク状のものになっている（写真8—3）。

② ラクレットヒーター

ラクレットはもともとチーズの切り口を暖炉にかざし、焼けたところを削り取って食べるスイスの郷土料理だが、家庭でも気軽に味わえるよう開発された器具（写真8—4）。

6 チーズの切り分け方

チーズはタイプや種類により形や風味が異なり、チーズの味が均等に味わえるように切ることが最大のポイントとなる。それには、各種チーズがどのような熟成をしているものか（外皮から熟成させていくものか、内部からか）を事前に知っておくことが重要である。

とくに、生食する場合は、1片のチーズに外側も中心部も含まれるように切り分けるのが理想的である。

以下のような心遣いで、きれいに提供できるだけでなくおいしく食べることができる。

・衛生面に注意する。手指の洗浄はもちろん、器具の洗浄も怠らない。

・平均にいき渡るようにカットする。

・タイプ別に「ナイフ」を替えて使用することが理想（タイプの異なるチーズに味や匂いが移行しないようにするため）。

・チーズのほとんどは、冷蔵庫から出したばかりのものの方が切りやすい。青かびタイプはキッチンペーパーなどで周りについた水分をふきとっておく。セミハード・ハードタイプの表面に脂肪分がうっすら出ている場合も、ふき取ってから切る。

チーズの切り方が味と見栄えに影響するため、タイプ別の事例をあげる（図表8—9参照）。ここでは、大型の白かびタイプやセミハード・ハードタイプなどの原木ではなく、店頭で見かけることが多い形状をピックアップしている。白かびタ

白かび

円盤型・高さの低い円錐はホールケーキを切り分けるイメージでカット。

円盤型とくさび型にカットしてあるものは図のようにカット

シェーヴル

ピラミッド型で高さのあるものは、1/4 に切ってから寝かせて切ると切りやすい。

バトン型のものは、横にねかせてボードに対し垂直に切る。

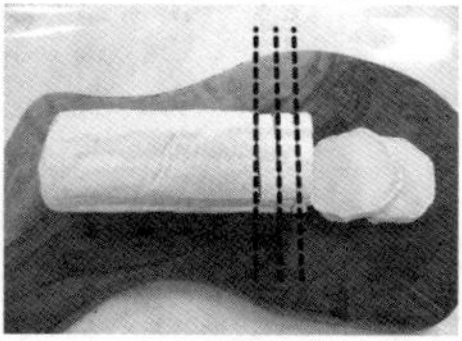

青かび

くさび型のものは寝かせてカット（端はブルーが少ないので切りとる）。

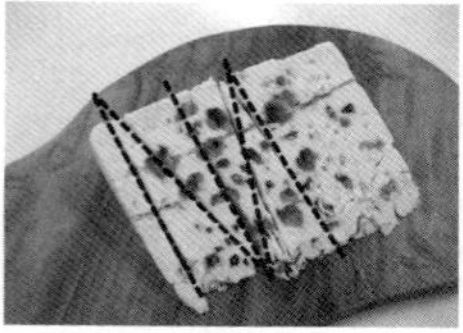

ウォッシュ

円盤型、円錐型、直方体の高さの低い形状のものはホールケーキを切り分けるイメージでカット。

セミハード・ハード

ブロック型はナイフで薄く切るかスライサーでひく。両端に外皮が付いている場合、残すようにカットする。

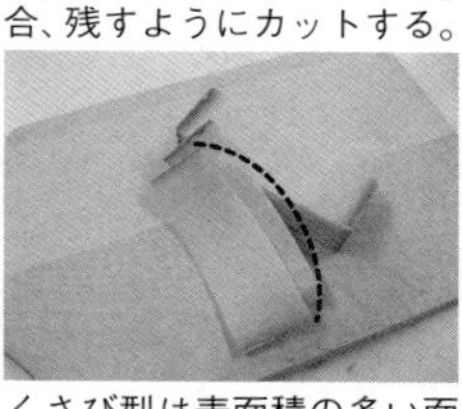

くさび型は表面積の多い面をボードにおき、チーズの厚みを考慮し幅を決めながらカットする。

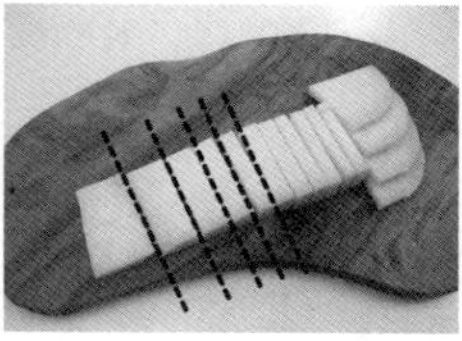

図表８－９　ナチュラルチーズのタイプ別と形状別にみるカットの方法

イプは、表皮に近い部分のほうが中心部分より熟成が進んでいる。一方、青かびタイプは中心部分に青かびが多く、外皮に近い部分は少なく味が異なる。セミハード・ハードタイプは、事例のほか、すりおろしてパウダー状にしたり、かたまりを砕くこともできる。

7 チーズの保存上の注意

(1) チーズの保存

チーズは、たんぱく質や脂肪が主成分であり、たんぱく質は保存の仕方によって異常発酵を起こし、香りや味が変化してしまう。また、脂肪分は、温度の高いところでは、常温でも表面に脂肪がにじみ出て酸化し、酸化臭（ランシッド）が発生することもある。

したがって保存には温度が大切であり、0℃以下に保つことが必要であるが、2～5℃がおすすめである。マイナス0～5℃（氷温）では、チーズは凍らない。また、真空パックのものを除いて湿度も大切で、高い湿度では、かびが発生することもある。

一方、そのまま冷蔵庫に入れておくと切り口が乾燥し、硬くなってしまう。チーズは風味の強いものもあり、周りの臭いも吸収しやすいので、ほかの食品への移行を防ぐことも必要である。

(2) タイプ別の保存の方法

① 非熟成タイプ

そのまま（パッケージのまま）冷蔵庫に入れてよいが、冷凍は不可。温度は低温の5℃以下（2～5℃）で、開封後はなるべく早く（1週間以内）食べきること。

② 白かびタイプ

乾燥は禁物。よく洗った生野菜（レタスなどの葉野菜）や殺菌した濡れ布巾と一緒に密閉容器に入れて冷蔵庫で保存する。適熟、完熟の食べ頃のものは２～５℃くらいの低温がよいが、通常脂肪のもので未熟のチーズ（とくにカマンベールやブリー）はやや高めの７～８℃くらいがよい。

密閉の容器がない場合、ラップ包装をして、さらにジッパー付きのストックパックに入れるのがよい。野菜庫に入れてもよいが、ほかの野菜と直接チーズが触れないようにする。

高脂肪の白かびは早めに食べてもよいが、通常脂肪のカマンベールやブリーは、適熟で食べるのがよい。カマンベールは、中身の白い芯の部分がほとんどペースト状になった時点が食べ頃なので、それを見定めることが大切。

外観からの判断は、以下のとおり。

・表皮の茶色の模様（点々と茶色が出る程度、茶色になりすぎると過熟）
・チーズにさわってみて中心部まで柔らかさが感じるか（やや中心部に硬いところがあれば未熟）
・香りをかぐ（まだアンモニア臭がないか、軽い香りが出る程度）

③ ウォッシュタイプ

白かびタイプと同様。これも未熟での入荷が多いので気をつける。とくに乾燥しやすいので、十分な湿度を与えるため、密閉容器に濡らしたキッチンペーパーを入れるか、生野菜をやや多めにするのがよい。表皮が乾燥気味のものもあるが、通常は乾燥しすぎず、逆に、ベタベタせず軽く指にくっつく程度がよい。

ウォッシュタイプは食べるとき、好みにもよるが、夏は若め（中心部に淡黄色の芯がある）、冬は完熟（中心部までトロトロになり香りも一段と強くなる）といわれている。

④シェーヴルタイプ

密閉容器に生野菜と一緒に入れて冷蔵庫で保存するが、ラップを密着させずに、ふわっと包む。シェーヴルは若いものから、表皮を乾燥させて硬くなるまで熟成させたものまで、好みに応じて食べられる。しかし、自家用で熟成させることがむずかしいので（熟成の温度や湿度によって表皮と中身がはがれることがある）、専門店で好みの熟成を購入するのがよい。

⑤青かびタイプ

白かびタイプと同様、乾燥は禁物。青かびは光を嫌うので、ラップに包んで、さらにアルミ箔で覆い、密閉容器に生野菜と一緒に入れて冷蔵庫で保存。

このタイプは、通常脂肪、高脂肪ともすでに食べ頃となった適熟のものが入荷しているので、あまり熟成に神経質になる必要はない。むしろ、保存という意味で熟成の進まない低温（2～5℃）が望ましい。

真空包装したものも市販されているが、長く保存させると青かびが黄灰色になってくる。この場合、包装を解き空気にふれると、再び青かびが活性化し、青緑色に輝いてくる。

熟成は3～4カ月（高脂肪のものは2カ月以内）の適熟のものが入荷してくるので、市販品はそのまま食べるのがよいが、特別熟成の強い風味、味（ピリッとした強い味）を好む人は1～2カ月熟成させると好みに近づく。高脂肪のものは早めに食べるのがおすすめ。

青かびは、特有の味のほか、アミノ酸に分解する力も強く旨みが出てくるが、常温に置くと塩水分とともにこの旨みがチーズの下部に流れ出る。何回も繰り返すと品質が低下するので、食べるだけカットして冷蔵庫から取り出すのが理想である。

⑥ セミハード・ハードタイプ

切口をラップで密着し、密閉容器に生野菜と一緒に入れて冷蔵庫で保存。ラップ包装しても2～3週間でかびが出てくることもあり、かびが出たらかびの部分を削って食べる（とくにセミハードはかびが出やすいので要注意）。

セミハード・ハードともカットし真空包装したものは、2～3カ月の保存が可能。ただし、温度差を繰り返すと表皮（カット面）にムレ臭を起こすことがあり、冷蔵庫や販売店でのショーケースの清掃時には、チーズを庫外に長く置かないよう注意が必要である。

ハードタイプ（とくにエキストラハードタイプ）は、ほかのものに比べ長期保存も可能だが、乾燥しすぎに注意する。乾燥しすぎたものは粉末にして、料理に使うとよい。

⑦ その他の保存方法

白かびのカマンベールやウォッシュタイプの表皮が乾燥して硬くなった場合は、白ワインなどを表皮につけて、しばらくおくと軟らかくなる。

セミハード・ハードタイプが乾燥して硬くなった場合は、ブランデーかウイスキーをぬって密閉容器に入れておくと軟らかくなる。

プロセスチーズが硬くなった場合、薄切りにして、酒類（日本酒でも可）をぬって密閉容器に入れておくと、しばらくして軟らかくなり元に戻る。

チーズの種類によっては、冷凍保存も可能なものもあるが、全般的には、風味の低下や組織が悪くなるチーズも多く、おすすめできない。

カマンベールなど白かびタイプは冷凍しやすいチーズである。まず、適熟・完熟の時点で急速冷凍するが、食べるときの解凍が重要となる。必ず冷蔵庫のなかでゆっくり自然解凍すること。冷凍は一回だけとし、未熟のものは冷凍しない。過熟になるよりは冷凍保存の方がよいが、風味や味の劣化は避けられない。

(3) チーズの氷結点・凍結・解凍現象

一般的に、チーズを凍結してはいけないとか、凍結したものを解凍すると海綿状（スポンジ状）になる、あるいは味が落ちる、などといわれているので、チーズの凍結・解凍について以下に整理する。

① ナチュラルチーズの氷結点

ナチュラルチーズの氷結点は、種類によって違う。チーズの氷結点に影響する主要因は、水分含有量および熟度である。すなわち、水分が低いほど、熟成チーズは熟度が進むほど、また、塩分が高いほど氷結点は低くなる。さらに、外的衝撃が加わると氷結を加速することになる。主なナチュラルチーズの氷結点は次のとおり。

- カッテージ：1～12℃
- フレッシュモッツァレッラ：4～16℃
- ロックフォール：15～17℃
- カマンベール：13～15℃
- チェダー：11～13℃
- エメンタール：8～10℃

ちなみに、氷温温度帯（0℃から氷結点までの温度帯）では、熟成の進み具合が緩慢になり、チーズボディーは硬く引き締まってシュレッド適性が良くなる。

② チーズの凍結・解凍

チーズ中の水分含有量は低いもので25％前後、高いもので80％前後であるが、この水分のおよそ90％以上が遊離水（自由水）である。チーズの凍結現象は、チーズ内部に散在しているミクロ的な隙間に、この遊離水が凝集して凍結することである。チーズの解凍現象は、その凝集凍結している遊離水が溶けて凍結前の状態に戻ろうとするものだが、チーズの種類あるいは諸々の環境因子によっては戻らない場合が大半ある。チーズの凍結・解凍の仕方によっては風味が損なわれたり、組織が破壊されたりすることがある。チーズの凍結・解凍に対する基本的な必要十分条件は、可能な限り急速に凍結し、そして可能な限りゆっくりと解凍することである（急速凍結徐解凍）。

解凍により溶けた遊離水が元の状態に戻らないと、水が分離したり、海綿状のもろい組織になったりし、口中感は非常に粉っぽくなる。風味の劣化はほとんどないが、脂肪の酸敗臭や酸化臭が現れることがある。もちろん、凍結・解凍の繰り返しは品質の劣化（離水化や海綿化）を加速する。

数多くあるチーズのうちで、凍結・解凍の影響を受けにくい（または､受けない）チーズもある。それらのチーズの種類とその理由について記す。

・パスタ フィラタ系チーズ

モッツァレッラ（ヴァッカ､ブファラ､ピッツェリア）、スカモルツァ、カチョカヴァッロ、プロヴォローネ、チェダー

〔理由〕製造の混練工程でチーズ組織が繊維状（ミクロ的にはスポンジ状）につくりあげられるため。

・**エキストラ ハード系チーズ**
パルミジャーノ レッジャーノ、グラナ パダーノ、スプリンツ
〔理由〕熟成期間が長いことや水分が低いことが、解凍後の溶けた水が元の状態に戻りやすい環境要因であるから。
・**白かび系チーズ**
カマンベール、クロミエ、ブリー
〔理由〕水分が高く、またpHが高いことから、たんぱく質の分解速度が速く、解凍後の溶けた水が元の状態に戻りやすい環境要因である。

パルミジャーノ・レッジャーノ熟成室

第９章 チーズＱ＆Ａ

Q_1 ナチュラルチーズの熟成期間の長短は、栄養の面で何か違いが生じるのでしょうか。

A_1 ナチュラルチーズの熟成期間によって風味や組織などに差が出るのは、たんぱく質や脂肪の分解程度やアミノ酸や脂肪酸などの分解物量が違ってくるためで、栄養面では、熟成が長くなればそれらの消化吸収がよくなるということはいえるでしょう。

Q_2 チーズに生えるかびは毒でないと聞いていますが確かでしょうか。

A_2 日本の食生活になじみ深い味噌、もちなどに生えたかびは一般的には取り除くか削って食べますが、チーズの場合も基本的には同じように考えてよいでしょう。しかし、できるだけかびを生やさない管理と開封後の早期使用をお勧めします。適正保管には、10℃以下で湿気の少ない冷蔵庫を使用し、切り口はラップなどで密着するように包んで保管してください。

Q_3 ブルーチーズの青かびは安全でしょうか。

A_3 ブルーチーズは、青かびチーズの総称で世界各国で生産されています。味噌に使う麹かびは大昔から安全なものとして食用されていますが、この青かびも安全なものといわれています。

Q_4 チーズの切り口をラップなどで包んでおくと白っぽくなるのは何でしょうか。

A$_4$ 実際に見てみないとわかりませんが、次のようなことが考えられます。白っぽくなった部分は、一つはかびと考えられ、もう一つはチーズの表面に水滴が付いた場合に、その部分が白っぽくふやけたようになることがあります。とにかく開封後はできるだけ早目に食べきるように心がけてください。

Q$_5$ チーズの低塩化または無塩化は可能ですか。

A$_5$ チーズの塩分は品質に微妙に影響するもので、1％前後に低下させると極端に保存性が悪くなるといわれています。味の面でも、過去での多くの味覚テストなどにより、必要最小限度の塩分率は1・3％です。チーズの塩分は、味と保存性と密接な関係があることを理解してください。また、チーズの無塩化は、特殊なチーズでごく短期間に消化できるのであれば可能ですが、基本的にはナチュラルチーズでもプロセスチーズでも不可能と考えています。

Q$_6$ とろけるプロセスチーズの溶け具合について教えてください。

A$_6$ 普通、プロセスチーズはセミハード系のナチュラルチーズに比べるとよく溶けないものです。しかし、各種ナチュラルチーズ配合の仕方や製造工程を工夫することにより、比較的熱に溶けやすいプロセスチーズが昭和40年代後半に開発されました。現在は、セミハード系ナチュラルチーズの本来の溶け方とほとんど変わらないものが、市場に定着しています。たとえば、とろけるスライスはモッツァレッラに近い溶け具合です。このチーズは、冷蔵保管がしっかりしていないと溶け具合が低下してきます。10℃以下でも、温度が低いほど長持ちします。

ちなみに、氷温帯といわれるマイナス２～３℃ではチーズは凍結しません。また、チーズの溶け方は使い方や料理方法によって異なり、蒸したり、チーズを水にちょっと浸けたりしてから加熱すると、溶けやすくなります。

Q₇　チーズは未開封での賞味期間はどのくらいですか。

A₇　消費者の手元に届くまでの流通段階で適正な温度（10～０℃）に保管されていれば、つくりたてのおいしさを十分に保てますが、流通の実態は、輸送中、あるいは店頭陳列時の温度管理などに差があるのが現状です。標準的な賞味期間を図表９―１にまとめました。

Q₈　プロセスチーズは開封後、冷蔵庫でどのくらいもつのでしょうか。

A₈　一般に、食品の賞味期限は、とくに開封後は衛生面での取り扱い方にもよりますが、極端に短縮されます。プロセスチーズの場合は切り口の表面をラップなどで密閉したり、密閉容器に入れたりして保管してください。品質保持期限は一概にいえませんが、可能性としては、10℃以下の冷蔵保管で一週間がいいところでしょう。

Q₉　プロセスチーズは冷蔵しないと賞味期限はどのくらいになるのでしょうか。

A₉　基本的に、食品中のたんぱく質や脂肪などの主要成分の分解や腐敗は、温度が高いほど加速されます。チーズも同じで、風味の低下、組

図表9－1　賞味期限のめやす

チーズおよびその他		主要製品	開封前 温度	開封前 場所	開封前 期間	開封後 温度	開封後 期間
プロセスチーズ	①	スモークスライス	10℃以下	冷蔵庫	2カ月位	10℃以下	10日以内
	②	キャンディタイプ、ソフトポーションタイプ、とろけるスライス、切れてるタイプ			4カ月位		
	③	スライス			6カ月位		
	④	スティック			8カ月位		
	⑤	粉チーズ	室温	涼しい所	1年位		14日以内
	⑥	①②③④⑤以外のプロセスチーズ	10℃以下	冷蔵庫			10日以内
ナチュラルチーズ	①	生タイプカマンベール			20日位		5日以内
	②	カッテージチーズ			1カ月位		7日以内
	③	ブルー、さけるシュレッドタイプ、ダイスタイプ、カットタイプ、スライスタイプ			2カ月位		
	④	クリームチーズ、クリームチーズ（ハーブやフルーツ入り）カマンベール（生タイプ除く）			4カ月位		
	⑤	粉チーズ（パルメザン）	室温	涼しい所	1年位	室温	14日以内
チーズフード	①	ソフトポーションタイプ	10℃以下	冷蔵庫	4カ月位	10℃以下	10日以内
	②	スプレッドタイプ			6カ月位		

注　：賞味期間（製造後賞味期までの期間）は条件によって大幅に変わる。

織の悪化、変色あるいはかび発生につながります。チーズを冷蔵しないと急速に品質が低下しますが、保管状態を特定できないので、具体的に表現できません。したがって、要冷蔵食品は、10℃以下の冷蔵保管を厳守してください。

Q10 ナチュラルチーズは冷蔵してどのくらい品質保持可能でしょうか。

A10 チーズは1000種類以上はあるといわれていますが、ソフト系チーズの賞味期限は短く、ハード系は比較的長いのが一般的です。たとえば、10℃以下の冷蔵保管で、カッテージチーズは1カ月、カマンベールは1カ月ですが、ゴーダカットものは6カ月間です。

Q11 店頭売りやレストランテーブル用の粉パルメザン（筒状容器入り）は開封後、室温に放置しているようですが、冷蔵保存しなくてよいのですか。

A11 筒状容器入りの粉パルメザンは、30％前後の水分を含有する原料ブロックを粉状に挽いた後、流動乾燥方式で15％前後の水分率に仕上げられているので、開封後室温（20℃前後）でもおよそ6カ月間、未開封であれば1年間は品質保持が可能です。当然、冷蔵すれば長持ちしますが、チーズ粒子表面に遊離している乳脂肪が固化して粉パルメザンは固まってしまいます。このように固まった場合は、室温に戻せば固化した脂肪が液化してサラサラ状態になります。保管する場合は、直射日光や湿気は避けるようにしてください。

Q12 加熱しても形の崩れない（耐熱性）チーズとは、どんなチーズですか。

A12 プロセスチーズをつくるための乳化剤を使って加熱溶融し、乳化したチーズをある一定時間そのまま保温し（60℃以上、4時間以上）、たんぱく質のカゼインを加熱変性させると、耐熱性のチーズができあがります。このようなチーズを調理素材として使う場合、最大250℃くらいの温度に耐えて形は崩れません。アンチメルトあるいはハイメルトチーズともいいます。

Q13 ナチュラルチーズとプロセスチーズとはどう違うのですか。

A13 解釈の仕方はいろいろありますが、法律上の種類別名称としては、最終的には食品添加物の乳化剤（化学的合成品─リン酸塩とクエン酸塩）を使っているかどうかの違いで決まります。乳化剤を使っていれば「プロセスチーズ」、使っていなければ「ナチュラルチーズ」ということになります。

参考までに、次のような誤答例を記しておきましょう。

・ナチュラルチーズには乳酸菌が生きている。

↓フレッシュ系あるいはソフト系のチーズには乳酸菌が生きていないものが多く、たとえば、一般のクリームチーズや缶（密閉容器）入りカマンベールがこれに該当します。

・殺菌（高温加熱）したものはプロセスチーズである。

↓ナチュラルチーズでも殺菌と同じような加熱工程をとるものがあり、たとえば、クリームチーズはカードとホエーを分離するために

85～90℃に加熱されます。カマンベールは熟成させるチーズのうちでもっとも早く熟成するチーズの一つで、ちょうど食べ頃の時期でレトルト殺菌（110℃、30分間）してしまいます。

Q14 最新の冷凍技術について教えてください。

A14 50年の研究開発期間を経て1998年に実用化された新冷凍技術（CAS冷凍）により、チーズの凍結現象は一変しました。それは、解凍した後でもチーズの味や組織が凍結前と全く変わらない、ということであり、近い将来には、チーズの分野にもCAS冷凍の時代が来ることでしょう。

チーズ業界の主な関係団体

(1) チーズ公正取引協議会

(2) チーズ普及協議会
(チーズフェスタ web)

(3) 日本輸入チーズ
普及協会

(4) 一般社団法人
中央酪農会議

(5) チーズプロフェッショ
ナル協会

(6) 公益財団法人
日本乳業技術協会

(7) 一般社団法人
日本チーズ協会

チーズ＆ワインアカデミー東京の創設

日本のチーズ市場のリーディングカンパニーである雪印乳業（株）（現・雪印メグミルク（株））の山本庸一元社長は、チーズへの愛情と情熱をチーズ消費の普及啓蒙の積極的推進に向けて、1989年4月東京都渋谷区広尾の一角に、ナチュラルチーズに関する学びの場として「チーズ＆ワインアカデミー東京」を開校。同校は、当時の帝国ホテル総料理長であった村上信夫（チーズ講座）や、田崎真也氏（ワイン講師）をはじめとする国内外の著名な講師陣でスタートした。開校から4年間で総受講者数は3,000名を超えている。

そして、現在のチーズフェスタの前身となるチーズフォーラムを、同校主催で年に1回3年間開催した。

また、ナチュラルチーズの専門ショップとして「メゾン・デュ・フロマージュ・ヴァランセ」を開店。

その他、日本では初めてとなる約200種類のチーズを収めたチーズ辞典を制作し、「チーズ友の会」や「フランスチーズ鑑評騎士の会日本支部」を設立した。

あとがき

私は、昭和の高度経済成長期に、長い険しい⁉「乾酪道」を、洋の東西を問わず東奔西走して来た。この頃、雪印乳業㈱は、チーズ市場を独占するかのように加速的に伸長していった。

この時代に国内で消費されるチーズは大半がプロセスチーズであり、原料ナチュラルチーズの国産物の生産量には限界があった。チーズ市場の独占的シェアを誇っていた同社は海外に向けて原料ナチュラルチーズの生産供給基地の確保に急を要する事態となり、スカンジナビア三国へ、また南半球はニュージーランドおよびオーストラリアへ、伝統あるゴーダチーズ製造の技術指導のもとに、プロセスチーズの原料ナチュラルチーズ配合の7～8割を占めるゴーダの生産供給を働きかけることとなった。

乾酪道およそ60年の間に培った知識情報を、道を共にした友と執筆したので、今後ともご愛読ください。最後に、当版の図表の作成に当たって、高杉朋彦氏（帝飲食料新聞社）、亀山修一氏（バラフーズ社・オーストラリア乳業会社顧問）のご協力をいただいたことに敬意を表することを書き添えさせていただきます。

執筆者　乾酪道家　白石敏夫

執筆者

白石 敏夫（しらいし　としお）

ムラカワ㈱技術顧問

昭和16年宮城県仙台市生まれ。35年仙台第一高等学校卒業、39年東北大学農学部（畜産学科畜産利用学中西武雄研究室）卒業、同年雪印乳業㈱入社。40年大樹工場製造課（チーズ製造担当)、41年生産技術部技術第二課（チーズ担当)、57年大樹工場（製造課長)、63年横浜チーズ工場（製造課長)、平成5年本社開発企画室（主査)。平成5年㈱野澤組入社、10年㈱エヌ・シー・エル入社、13年三菱商事㈱入社、23年㈱エヌ・シー・エル入社。29年白石商店合同会社を設立。31年ムラカワ㈱技術顧問に就任、現在に至る。

福田 みわ（ふくだ　みわ）　（第3章5、第6章2、第8章1～6 執筆）

スリーピース　代表
チーズビジネスコンサルタント　　チーズクッキングディレクター®
売れる商品力プロデューサー

昭和60年川村短期大学家政科卒、同年明治乳業㈱（現：㈱明治）入社、東京支店市乳課に配属。平成4年退社。6年ムラカワ㈱入社。営業担当と企画業務を兼任。20年チェスコ㈱入社、営業、企画とチーズメニュー開発を兼任。28年退社。現在は「チーズをもっと広く普及させるとともに健全なビジネス化のためのサポートをしたい」との思いで、目標達成の方法を研修やコンサルを通じてお伝えしている。チーズ＆ワインアカデミー東京講師他、平成30年より 国産ナチュラルチーズブランド化 ステップアップ研修講師、ナチュラルチーズ製造技術専門研修講師。チーズのオリジナルレシピ230品以上。http://3threepeace. com/
【称号・資格】
シュバリエ・ドゥ・タスト・フロマージュ・オフィシエ、クラブ・ギルド・ジャポン「コンパニオン・ド・サンテュギュゾン」、パルミジャーノ・レッジャーノアンバサダー、チーズプロフェッショナル（CPA認定)、フードコーディネーター(JFCA認定)、調理師免許　など

三浦 修司（みうら　しゅうじ）　（第7章1執筆）

昭和49年雪印乳業㈱（現・雪印メグミルク㈱）入社、東京総括支店販売促進部配属。51年雪印物産㈱（現・㈱日本アクセス）へ出向、61年雪印乳業へ戻り、63年本社にてチーズ＆ワインアカデミー設立プロジェクトに参画。平成元年東京都渋谷区広尾にチーズ＆ワインの普及啓蒙活動を主体とした機関として国内初の「チーズ＆ワインアカデミー東京」を開設、事務局次長に就任。チーズの日（11月11日）制定、チーズ友の会やフランスチーズ鑑評騎士の会日本支部設立、現在のチーズフェスタの前身であるチーズフォーラム88.89.90など実施、平成5年雪印乳業に戻り関東（千葉、東京、長野）勤務ののち14年退職。同年協同乳業㈱入社、チーズ事業部、営業本部、広域営業部など経て令和4年退職。

食品知識ミニブックスシリーズ「改訂5版　チーズ入門」
定価：本体1,200円（税別）

昭和56年9月30日　初版発行
平成元年11月18日　増補改訂版発行
平成11年4月16日　新訂版発行
平成16年9月17日　増補新訂版発行
平成29年4月11日　改訂4版発行
令和7年2月17日　改訂5版発行

発行人：杉田　尚
発行所：**株式会社　日本食糧新聞社**
〒104-0042　東京都中央区入船3-2-10
編集：〒101-0051　東京都千代田区神田神保町2-5
北沢ビル　電話03-3288-2177
FAX03-5210-7718
販売：〒104-0042　東京都中央区入船3-2-10
アーバンネット入船ビル4階・5階
電話03-3537-1311　FAX03-3537-1071
印刷所：**株式会社　日本出版制作センター**
〒101-0051　東京都千代田区神田神保町2-5
北沢ビル　電話03-3234-6901
FAX03-5210-7718

カバー写真提供：PIXTA
チーズ工場：NAOMI／mozzarella：tycoon／いろいろなチーズ：jazzman
／detail of yellow cheese with eyes：Digifoodstock
ISBN978-4-88927-296-3　C0200

うにや魚介の風味を手軽に楽しめる、おつまみにピッタリな贅沢チーズスナック。常温保存可能で、持ち運びに便利なスタンドパック入り。

一口サイズで、プレーンとカマンベール入りの２種類を展開。

山桜チップでじっくりと燻製した香り豊かなキャンディタイプ品。

手軽に食べられる個包装４個入り。プレーン、アーモンド入り、カマンベール入り、明太子風味、スモーク＆サラミ入りの５種類のフレーバー。

雪印メグミルク
うまみで選ぶ
カマンベールチーズ
雪印 北海道100
カマンベールチーズ
切れてる
↑ブランドサイト
はコチラ
100th
Anniversary
雪印メグミルクグループ
創業100周年 since1925